Klimaschutz konkret

Prof. Dr.-Ing. Harald Lohner
FH OOW
Friedrich-Paffrath-Str. 101
26389 Wilhelmshaven

© H. Lohner, 2007
Herstellung und Verlag: Books on Demand GmbH
Norderstedt, 2007

ISBN 9783833494024

Vorbemerkung

Die Aussagen in Teil I beruhen auf Ergebnissen des Forschungsprojektes „Technisch-wirtschaftliche Analyse innovativer Energiesysteme zur Nutzung industrieller Wasserstoffressourcen am Standort Wilhelmshaven", das mit Mitteln des europäischen Fonds für regionale Entwicklungen (EFRE) sowie durch das Ministerium für Wissenschaft und Kultur des Landes Niedersachsen gefördert wurde. Am Erfolg dieses Projektes haben insbesondere Herr Dipl.-Wirtsch.-Ing. Bernd Schulz sowie Herr Dipl.-Wirtsch.-Ing. Ralf Böneker einen entscheidenden Anteil.

In Teil II wird ein kleiner Ausschnitt aus Ergebnissen einer Vielzahl von Projekten dargestellt. Ein besonderer Dank gilt in diesem Zusammenhang Herrn Dipl.-Wirtsch.-Ing. Torben Ringe für seine engagierte und ideenreiche Mitarbeit.

Inhalt

1	Einleitung	1
2	Hintergrund	5
3	Warum Wilhelmshaven?	13

Teil I H_2-Port

4	Das Projekt	17
5	Energiebedarf des Hafens	23
5.1	Elektrische Energie	23
5.2	Thermische Energie	25
5.3	Kraftstoffbedarf	26
5.4	Zusammenfassung des Energiebedarfs	30
6	Technische Aspekte der Wasserstoffanwendung	31
6.1	Transport	31
6.2	Speichertechnik	34
6.3	Tankanlagen	36
6.4	Motorentechnik	38
6.5	BHKW	39
6.6	Straddle Carrier	40

7	**Wirtschaftlichkeit**	**43**
7.1	Grundlagen	43
7.2	Kapitalwerte	45
7.3	Sensitivitätsanalyse	46
8	**CO_2-Minderungspotenzial**	**51**
8.1	Spezifische CO_2-Emissionen	51
8.2	CO_2-Emissionen der Szenarien	58
8.3	Vergleich der CO_2-Emissionen	59

Teil II Wasserstoff für Wilhelmshaven

9	**Die Stadt**	**63**
9.1	Aktueller Energieeinsatz	65
9.2	Emissionen der Ist-Situation	67
10	**Energieeinsparung durch Gebäude-Sanierung**	**69**
11	**Wind und Wasserstoff**	**75**
11.1	Einzelkomponenten	76
11.2	Emissionen und Kosten	84
12	**Und nun?**	**89**

1 Einleitung

„Klimaschutz" gehört ebenso wie „Nachhaltigkeit" zu den meistgebrauchten Schlagwörtern in der aktuellen Berichterstattung. Wie andere Modebegriffe auch werden beide teilweise missverständlich oder auch vorsätzlich missbräuchlich eingesetzt. Es gilt nach wie vor, dass „Nachhaltigkeit" zumeist dann ins Spiel gebracht wird, wenn „einem sonst nichts mehr einfällt".

Im Folgenden soll gar nicht der Versuch gemacht werden, „die Energiefrage" umfassend zu durchleuchten oder gar zu lösen, vielmehr werden einige grundlegende Aspekte zukünftiger Energieversorgung anhand konkreter Beispiele illustriert. Durch den geographischen Bezug zu einer Region werden die getroffenen Aussagen anschaulicher und nachvollziehbarer.

Ob überhaupt und in welchem Ausmaß Klimaänderungen zu erwarten sind, ist an anderer Stelle ausreichend diskutiert. Bemerkenswert ist, dass eine Problematik, die in Fachkreisen seit über zwei Jahrzehnten (teilweise kontrovers) diskutiert wird, plötzlich zu einem der Hauptthemen von Politik und Medien wird, ohne das signifikant neue Erkenntnisse vorliegen.

Immerhin ist die Tatsache, dass eine Klimaveränderung zu erwarten ist, (fast) unbestritten, lediglich das Ausmaß der zu erwartenden Erwärmung und vor allem, die resultierenden Auswirkungen sind diskutabel. Eine Gefahr, durch eine Überschätzung der „Klimaproblematik" falsche Maßnahmen zu ergreifen, existiert aber eindeutig nicht. Letztendlich ist der rationale und rationelle Umgang mit fossilen Energieträgern schon allein aufgrund der begrenzten Reichweite dieser Energieträger selbstverständlich.

Die Befürchtung einer Klimaänderung durch weitere exzessive Treibhausgasemissionen ist so gesehen nur eine Seite der Medaille. Ebenso gravierend sind die durch die Erschöpfbarkeit der Vorräte auf uns zukommenden Probleme. So bleibt Mineralöl in allen Zukunftsszenarien zur Energieversorgung der Energieträger Nr. 1. Der tägliche Ölverbrauch im Jahr 2030 wird auf ca. 120 Mio. Barrel geschätzt (gegenüber 83 Mio. Barrel im Jahr 2004). Dabei stammt bereits heute der weitaus größte Teil des geförderten Öls aus Ölfeldern, die bereits vor 1970 gefunden wurden. Die Schere zwischen Ölverbrauch und Reserven öffnet sich also immer weiter.

In diesem Zusammenhang ausgiebig über die Frage zu diskutieren, wie viele Jahre genau unsere fossilen Energievorräte noch ausreichen, ist in erster Linie Zeitverschwendung. Die veröffentlichten Daten über gesicherte und potenzielle Vorkommen sind größtenteils politisch bzw. firmenpolitisch motiviert und kaum verifizierbar. Wichtig ist ohnehin lediglich die Tatsache, dass die Vorräte endlich sind. Die Suche nach neuen, nachhaltigen Lösungen ist daher unabdingbar.

Um die Herausforderungen, die mit einer nachhaltigen Energieversorgung verbunden sind, zu verdeutlichen, wird in Teil I mit „H_2-Port" ein konkretes Projekt zur Emissionsreduktion vorgestellt. Die Grundidee dieses Projekts ist der Ersatz fossiler Energieträger, wie z.B. Dieselkraftstoff durch Wasserstoff. Der eingesetzte oder besser zum Einsatz vorgesehene Wasserstoff stammt hier aus der chemischen Industrie, wo er bei der Chlor-Alkali-Elektrolyse als Kuppelprodukt anfällt. Dass in diesem Fall eine Reduktion der CO_2-Emissionen um bis zu 45% quasi ohne zusätzliche Kosten umgesetzt werden könnte, liegt an der luxuriösen Situation, über „Abfall-Wasserstoff" zu verfügen.

Dass diese märchenhafte Situation sich entscheidend ändert, sobald der Sekundärenergieträger H_2 erst einmal hergestellt werden muss, wird in Teil II anhand der Vision einer Energieversorgung ausschließlich auf Grundlage regenerativer Energien veranschaulicht. Nun geht niemand realistisch davon aus, dass ein solches Versorgungsszenario mittelfristig zu erwarten wäre, die extreme Annahme der 100% „regenerativen Versorgung" hilft aber, einige unbequeme Wahrheiten zu erkennen oder doch zumindest zu verdeutlichen. Da nicht nur ein

1 Einleitung

einzelnes Industrie- oder Versorgungsprojekt, sondern eine ganze Stadt bzw. Region betrachtet wird, treten u.a. die grundlegende Bedeutung der Energiespeicherung und vor allem die daraus resultierenden enormen Kosten zu Tage.

Klimaschutz konkret

2 Hintergrund

Da Energie in der Natur lediglich in Formen auftritt, die wir selten direkt einsetzen können, sind Energiewandlungen notwendig um Energiedienstleistungen kontinuierlich und bequem nutzen zu können. Bei diesen „Wandlungen" erfüllt die natürliche Umwelt vor allem zwei Funktionen: Zum einen ist sie die Quelle, aus der Energieträger und Rohstoffe (zum Bau der Energieanlagen) entnommen werden, zum anderen nimmt sie, als Senke, Rückstände in gasförmigem, flüssigem oder festem Zustand auf.

Durch die Energiewirtschaft werden im Wesentlichen folgende Emissionen verursacht:

- **Schwefeldioxid (SO_2)**
- **Stickoxide (NO_x)**
- **Stäube (radioaktive Stoffe)**
- **Kohlenmonoxid (CO)**
- **Kohlenwasserstoffe (CH)**
- **Ozon (O_3)**

Die Emissionsgrenzwerte für die genannten Stoffe befinden sich auf einem bemerkenswert niedrigen Niveau. So wurden in den letzten Jahrzehnten enorme Investitionen z.B. in Rauchgasentschwefelungsanlagen und Entstickungsanlagen getätigt. Mit dem drohenden Klimawandel, hervorgerufen durch die Emission von „Klimagasen", ist aber eine Problemstellung mit völlig neuen Ausmaßen entstanden. Die Bewältigung dieses Problems ist letztendlich nur mit einer gravierenden Umstellung unserer „Energieproduktion" möglich.

Unter dem Begriff „Klimagase" werden im Wesentlichen Kohlendioxid (CO_2), Methan (CH_4) und Lachgas (N_2O) zusammengefasst. Der Einfachheit halber werden sämtliche Gase über Ihre Klima-Wirksamkeit in CO_2-Äquivalente umgerechnet.

Weltweit hat die „Energie-Industrie" 2005 ca. 27 Milliarden t Kohlendioxid emittiert, das sind ca. 6 Milliarden t mehr als 1990. Wie in *Abb. 1.1* zu sehen, war Deutschland mit 865 t CO_2 der sechstgrößte Emittent.

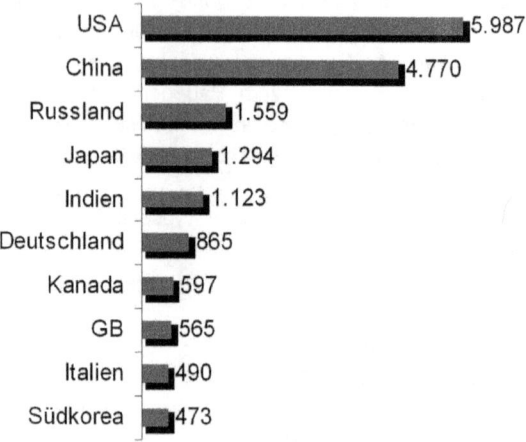

Abb. 1.1. Energiebedingte CO_2-Emissionen 2005

Die Energiewirtschaft stößt in Deutschland mit ca. 43% den größten Anteil an CO_2-Äquivalenten aus. Es folgen Verkehr, Industrie und private Haushalte *Abb. 1.2*.

2 Hintergrund

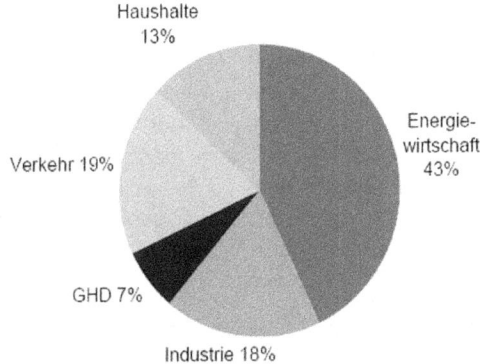

Abb. 1.2: Prozentuale Verteilung der CO_2-Emissionen in Deutschland[1]

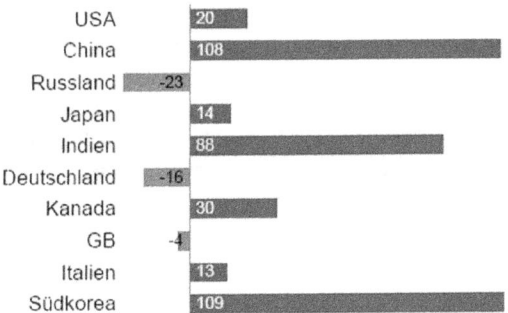

Abb. 1.3: Veränderung des CO_2-Ausstoßes 2005 gegenüber 1990

---

[1] GHD – Gewerbe, Handel und Dienstleistungen

Im Hinblick auf die zukünftige Entwicklung der CO_2-Emissionen sind neben den absoluten Emissionsmengen vor allem die aktuellen Tendenzen interessant. Wie *Abb. 1.3* zu entnehmen, zeigt diese Tendenz z.B. in Deutschland und Russland in die richtige Richtung. Zu beachten ist aber, dass die Reduktion in der Bundesrepublik vor allem auf Effekte der „Wiedervereinigung" zurückzuführen ist. Die Reduktion in Russland wiederum beruht im Wesentlichen auf dem weitgehenden Zusammenbruch der industriellen Produktion, wird also mit Erholung der Volkswirtschaft wieder aufgehoben sein.

Die Bundesregierung hat sich verpflichtet, den Ausstoß an klimarelevanten Gasen gegenüber 1990 um 21% zu reduzieren. Das wichtigste Instrument zur Erreichung dieses ehrgeizigen Ziels ist der Handel mit Emissionszertifikaten, durch den Klimaschutz im Ergebnis dort stattfindet, wo er zu den geringsten Kosten verwirklicht werden kann. Das Grundprinzip besteht darin, dass den Wirtschaftssektoren und jeder betroffenen Anlage konkrete Minderungsziele zugeordnet und in diesem Umfang Emissionsberechtigungen zur Verfügung gestellt werden. Diese Berechtigungen sind handelbar und dienen so als eine Art Gutschrift. Erreicht das Unternehmen die gesetzten Ziele durch eigene kostengünstige CO_2-Minderungsmaßnahmen, kann es nicht benötigte Berechtigungen am Markt verkaufen. Alternativ kann es Berechtigungen am Markt zukaufen, wenn die Durchführung eigener Minderungsmaßnahmen im Vergleich teurer ausfallen würde. Im Ergebnis wird ökologisch wirksames und ökonomisch effizientes Handeln gleichermaßen forciert.

Die Grundlagen des „Emissionshandels" sind:

- ➢ „Für alle Emittenten eines bestimmten Schadstoffes bzw. einer bestimmten Substanz wird eine Emissionsobergrenze („cap") staatlich festgelegt.

- ➢ Diese Gesamtemissionsmenge wird auf die einzelnen Emittenten bzw. auf die einzelnen Anlagen verteilt.

2 Hintergrund

> ➤ Um die Funktionsfähigkeit des Systems und einen fairen Wettbewerb sicherzustellen, werden Regeln formuliert und Sanktionen festgelegt („ordnungspolitischer Rahmen").
>
> ➤ Technische Voraussetzungen für den Ablauf des Emissionshandels sind die Existenz eines Registers („Buchführungssystem") sowie eines Überprüfungssystems („Monitoring- und Berichtswesen").

Der Staat trifft nach dem Setzen dieses ordnungspolitisch erforderlichen Rahmens für den Einsatz des Instruments „Emissionshandel" keine weiteren Entscheidungen bzw. macht keine weiteren Vorgaben. Emissionsrelevante Entscheidungen liegen ausschließlich beim Emittenten. Er entscheidet ob, wann, wie und wie viel er reduziert. Seine Entscheidungen trifft er allein unter Kostengesichtspunkten (einzelwirtschaftliche Optimierung).

In Deutschland erfasst der Emissionshandel (2005-2007) rd. 1.850 Anlagen. Diese Anlagen sind für rd. 55% der CO_2-Emissonen in Deutschland verantwortlich."[2]

Wie genau die Bundesregierung sich den Weg in Richtung 21%iger Reduktion vorstellt, ist im Nationalen Allokationsplan (NAP) niedergelegt. Mit diesem sollen folgende Ziele verfolgt werden:

- Klimaschutz
- Impulse für Investitionen und Innovationen
- Transparenz
- Berücksichtigung der Wettbewerbsfähigkeit der stromintensiven Wirtschaft

---

[2] Revidierter Nationaler Allokationsplan 2008-2012 für die Bundesrepublik Deutschland

Neben dem Instrument des Emissionshandels sind selbstverständlich weitere Maßnahmen vorgesehen um diese Ziele zu erreichen. So ist die Beimischung von Biokraftstoffen bereits in der Umsetzung. Für die Erweiterung des Gebäudesanierungsprogramms ist eine Fördersumme von 1,4 Mrd. € vorgesehen.

Die darüber hinaus gehenden und teilweise bereits in der Umsetzung befindlichen Maßnahmen sind so vielfältig, dass sie nicht im Einzelnen dargestellt werden sollen. Um einen Eindruck zu vermitteln, wie Klimaschutz in unterschiedliche Lebensbereiche einwirkt (bzw. einwirken wird), sind sie aber nachfolgend in Form einer Aufzählung kurz erwähnt.

Verkehrsbereich

- Ökosteuer
- Streckenabhängige Lkw-Maut
- Emissionsbezogene Kfz-Steuer
- Freiwillige Selbstverpflichtung der Automobilindustrie zur Reduzierung des durchschnittlichen Kraftstoffverbrauchs um 25%
- CO_2-Kennzeichnungspflicht
- Nationales Radverkehrsprogramm
- Aufkommensneutrale steuerliche Förderung von PKW mit geringem Verbrauch
- Einführung emissionsabhängiger Landegebühren auf deutschen Flughäfen
- Substitution von herkömmlichem Kraftstoff durch Biokraftstoffe
- Substitution von F-Gasen in mobilen Klimaanlagen
- Kampagne „Neues Fahren"

2 Hintergrund

Haushaltssektor

- KfW[3]-Programme im Gebäudebereich
- Marktanreizprogramm Biomasse
- Marktanreizprogramm Sonne
- Vor-Ort-Beratung
- Stadtumbau Ost, Sozialer Wohnungsbau

Öffentlichkeitsarbeit, Beratung, Innovation

- Ausbau der Deutschen Energie-Agentur (dena) als Kompetenzzentrum für Energieeffizienz
- Durchführung von breit angelegten Öffentlichkeitskampagnen
- Weiterbildungs- und Qualitätsoffensive (Investoren, Handwerk, Planer, Bauherren)
- Ausbau der Forschung für Innovationen zur Steigerung der Energieeffizienz
- Verbesserung der Bauprodukte
- Ausbau des Energieeinspar-Contracting im Wärmemarkt

Ordnungsrechtliche Maßnahmen

- Einführung der Energieeinsparverordnung 2006 und von Energieausweisen
- Änderung des Wohneigentumsgesetzes

---

[3] Kreditanstalt für Wiederaufbau

Klimaschutz konkret

3 Warum Wilhelmshaven?

Um konkrete Maßnahmen zur Erreichung drastischer Emissionsminderungen aufzuzeigen bietet sich Wilhelmshaven als Beispielregion an, da hier zum einen Wasserstoff quasi als Abfallprodukt anfällt. Zum anderen ist die Region prädestiniert, um die Auswirkungen der Installation von Offshore-Windanlagen auf unsere Energieversorgung (aber auch auf das Landschaftsbild) zu verdeutlichen. Darüber hinaus sind in der Region mehrere energierelevante Großprojekte in Planung bzw. Umsetzung.

- Mit dem Jade-Weser-Port befindet sich der modernste Containerhafen Europas in der Realisierungsphase.

- Der INEOS-Konzern plant eine Kapazitätserweiterung seiner Werke. Da die Produktionskapazität der mittlerweile über 30 Jahre alten Chlor-Alkali Elektrolyse den Chlorbedarf der INEOS Vinyls nicht decken kann und Erweiterungen für nach dem Amalgamverfahren arbeitende Anlagen nicht mehr genehmigt werden, ist der Neubau einer Chlorerzeugungsanlage geplant. Diese Anlage wird im Falle der Verwirklichung nach dem Membranverfahren arbeiten und in direkter räumlicher Nähe zur PVC-Produktion auf dem Gelände der INEOS Vinyls errichtet werden. Eine Produktionskapazität von 400.000 t Chlor jährlich ist avisiert. Mit dieser Erweiterung würde eine Verdreifachung der **Wasserstofferzeugung** auf **390 GWh** pro Jahr einhergehen.

- Ein weiteres Projekt in der Region ist die Erweiterung der Raffinerie in Wilhelmshaven. Nach dem Erwerb am 1. März 2006 plant der neue Eigentümer ConocoPhillips, die Raffinerie an zukünftige Marktanforderungen anzupassen. Diese Anpassung umfasst neben einer Verbesserung der Verarbeitungstiefe durch den Bau eines Hydrocrackers auch die energetische Nutzung der gesamten anfallenden Produktionsrückstände zur Erzeugung von thermischer sowie elektrischer Energie für den Eigenbedarf. Der Hydrocracker ermöglicht am Standort Wilhelmshaven die Herstellung schwefelfreier Diesel- und Otto-Kraftstoffe aus Vakuumgasöl. Somit würde die Anlage in Wilhelmshaven zur modernsten Raffinerie in Europa.[4]

- Auch die vor langer Zeit begonnenen Planungen für die Errichtung eines Flüssiggasterminals in Wilhelmshaven sind wieder in Bewegung gekommen. Das Unternehmen E.ON Ruhrgas beschäftigt sich wieder intensiver mit diesem Thema. Die Teilerrichtungsgenehmigung für die landseitigen Anlagen liegt bereits vor, und der Planfeststellungsbescheid für die seeseitigen Anlagen ist in Kraft. Das Gelände für diesen Terminal ist bereits im Besitz der Deutschen Flüssigerdgas Terminal Gesellschaft (DFTG), einem Unternehmen in mehrheitlichem Besitz der E.ON Ruhrgas AG. Für den Standort Wilhelmshaven sprechen der Tiefwasserhafen, die Nähe zum deutschen Erdgasverbundsystem sowie die geringe Entfernung zum Erdgasspeicher in Etzel. Nach der Realisierung des Terminals könnten jährlich 10 Mrd. m^3 Erdgas importiert werden.

Neben den genannten Projekten sind weitere Investitionen in der Diskussion (z.B. der Neubau eines Kraftwerkes, die Errichtung einer Biodieselproduktionsanlage sowie der Bau einer Chemiepipeline von Wilhelmshaven nach Marl).

---

[4] Presseinformation des Landes Niedersachsen, Zwei Milliarden Dollar Investition: In Wilhelmshaven entsteht die modernste Raffinerie Europas, 23.05.2006

Teil I H$_2$-Port

4 Das Projekt

Die Grundidee des Projektes „H$_2$-Port" besteht in der Nutzung des in der Chlor-Alkali-Elektrolyse in Wilhelmshaven anfallenden Wasserstoffs als Energiequelle für mobile und stationäre Anwendungen im entstehenden Jade-Weser-Port. Der Ersatz von fossilen Energieträgern durch den so gut wie emissionsfreien Energieträger Wasserstoff senkt die durch den Hafenbetrieb hervorgerufenen CO$_2$-Emissionen enorm. Nicht zu vernachlässigen ist darüber hinaus die Tatsache, dass das Großprojekt Jade-Weser-Port national und international große Beachtung findet. Im Rahmen des Projektes können daher nicht nur einzelne Komponenten einer zukünftigen Wasserstoffwirtschaft weiterentwickelt werden. Vielmehr ist H$_2$-Port ein optimales Demonstrationsprojekt mit großer Öffentlichkeitswirksamkeit.

Der in Wilhelmshaven projektierte Containerhafen wird sich geographisch zwischen den Containerhäfen im belgischen Antwerpen und im niederländischen Rotterdam, sowie den beiden deutschen Containerterminals Bremerhaven und Hamburg befinden. Mit einer Fahrwassertiefe von 18 m unter Seekarten Null bietet er Containerschiffen mit einem Tiefgang von bis zu 16,5 m die Möglichkeit eines tidenunabhängigen Anlaufens. Auch die Fahrwasserbreite von 300 m und die mit 23 nautischen Meilen sehr kurze Revierfahrt werden von keinem der vorher genannten Häfen erreicht.

In der ersten Ausbaustufe ist ein Containerterminal mit einer Kajenlänge von 1.725 m und 14 Containerbrücken vorgesehen, der die Abfertigung von zwei Großcontainer- und vier Containerschiffen gleichzeitig ermöglicht. Die Kapazitätsgrenze dieser Realisierungsstufe wird mit 1,8 Mio. TEU[5] jährlich

---

[5] TEU = Twenty Foot Equivalent Unit
Diese Einheit entspricht einem 20 Fuß Standardcontainer (Abmaße ca. 6m x 2,44m x 2,59m)

angenommen. Reserven für einen Ausbau des Terminals auf eine Tiefwasserkajenlänge von ca. 10 km sind vorhanden.

Seit März 2006 steht das Unternehmen EUROGATE als Betreiber fest. EUROGATE ist mit neun Terminalstandorten in Europa und einem Jahresumschlag von 12,1 Mio. TEU im Jahr 2005 der größte Terminalbetreiber in Europa. Die dortigen Planungen sehen eine Inbetriebnahme des Hafens als Van Carrier Terminal im Jahr 2010 vor.

Bei einem Van Carrier[6] handelt es sich um ein Fahrzeug, das neben dem Transport auch das Ein- und Auslagern der Container sowie eventuelle Umlagerungen durchführen kann (s. S. 27). Dieses Gerät übernimmt somit Aufgaben, die in anderen Terminals durch unterschiedliche Gerätearten ausgeführt werden (z.B. im Terminal Hamburg Altenwerder durch Portalkrane und Automatic Guided Vehicles).

Chlorerzeugung

Als Beispielregion für die Realisierung einer nachhaltigen Energieversorgung liegt der große Standortvorteil von Wilhelmshaven darin, dass in der hier angesiedelten chemischen Industrie Wasserstoff als Beiprodukt anfällt. Genauer gesagt wird in der Chlor-Alkali-Industrie Chlor durch die Elektrolyse einer wässrigen Natriumchloridlösung erzeugt. Bei diesem Prozess entstehen neben Chlor auch weitere wichtige Grundstoffe. So fallen bei der Erzeugung von 1000 kg Chlor als Nebenprodukte 2260 kg (50%ige) Natronlauge und 315 m³ Wasserstoffgas an.[7]

---

[6] Auch Straddle Carrier oder Portalhubwagen genannt
[7] Rothert, A., 2005

4 Das Projekt

Weltweit sind drei Verfahren der Chlor-Alkali-Elektrolyse im Einsatz:

- das Diaphragmaverfahren, mit dem in den Vereinigten Staaten 75 % der Produktionskapazitäten abgedeckt werden,
- das in Japan in den siebziger Jahren entwickelte Membranverfahren,
- das in Westeuropa überwiegend angewandte Quecksilberverfahren (auch als Amalgamverfahren bezeichnet).[8]

INEOS setzt bei der Chlorerzeugung in Wilhelmshaven derzeit das Quecksilberverfahren ein, will jedoch bei der geplanten Erweiterung des Werkes auf das Membranverfahren umsteigen. Das Grundprinzip der Chlor-Alkali-Elektrolyse ist bei den drei genannten Verfahren gleich. Es basiert auf der elektrochemischen Spaltung einer Natriumchloridlösung (NaCl) in die Produkte Chlorgas, Natronlauge und Wasserstoffgas, entsprechend:

$$2NaCl + 2H_2O \rightarrow Cl_2 + 2NaOH + H_2$$

Die anfallenden Produkte Chlor und Wasserstoff sind ausgesprochen reaktiv, weshalb sie bei ihrer Gewinnung räumlich voneinander getrennt sein müssen um explosive Reaktionen zu vermeiden. In diesem Punkt unterscheiden sich die Verfahren voneinander. Die wichtigsten Merkmale der drei Verfahren sind in der folgenden Tabelle gegenübergestellt.

---

[8] Umweltbundesamt, 2001

	Amalgam-verfahren	Diaphragma-verfahren	Membran-verfahren
Gleichstromverbrauch kWh/t Chlor	3.200 – 3.600	2.300 – 2.900	2.500 – 2.700
Gesamtenergiebedarf kWh/t Chlor (50%ige NaOH)	3.200 – 3.600	3.500	2.800 – 2.900
Solereinigung	relativ einfach	relativ einfach (Natursole möglich)	aufwendig
Laugequalität	50%ige chloridarme Lauge aus der Zelle	Aufbereitung der Lauge aufwendig, enthält 1 % Chlorid	ca. 30-35 %ige chloridarme Lauge aus der Zelle
Verfahrensspezifische Erfordernisse für Arbeits- und Umweltschutz	Verwendung von Quecksilber als Kathodenmaterial	Verwendung von Asbest für Diaphragmen	keine
Betrieb	Laständerung möglich	Laständerung schädigt das Diaphragma	Laständerung möglich
Chlorqualität	< 1 % O_2 in Cl_2, weitere Reinigung nicht erforderlich	2-3 % O_2, vielfach Nachreinigung durch Kondensieren / Verdampfen	1-3 % O_2, vielfach Nachreinigung durch Kondensieren / Verdampfen

Abb. 4.1: Gegenüberstellung der Verfahren [9]

In der vorstehenden Übersicht zeigen sich die Vorteile des Membranverfahrens in Bezug auf Energiebedarf und ökologische

---

[9] Rothert, A., 2005

4 Das Projekt

Verträglichkeit. Die Reinheit der Produkte ist jedoch nicht für alle Anwendungen ausreichend, so dass auch weiterhin Anlagen nach dem Amalgamverfahren betrieben werden müssen.

Die Produktionskapazität der aktuell in Wilhelmshaven betriebenen Chlor-Alkali-Elektrolyse liegt bei 137.000 t Chlor jährlich. Der Material- bzw. Energieeinsatz zum Erreichen dieser Produktionsmenge beträgt 233.000 t Natriumchlorid und 490GWh elektrischer Energie. Als Nebenprodukt fallen **3.800 t Wasserstoff** pro Jahr mit einem Energieinhalt von ca. **128 GWh** an.

Während die produzierte Menge Chlor den Bedarf der INEOS Vinyls Deutschland nur teilweise decken kann, wird die für den weiteren Produktionsprozess nicht benötigte Natronlauge europaweit vertrieben. Da für den Wasserstoff derzeit keine Abnehmer vorhanden sind, wird er größtenteils zur Dampferzeugung bei der INEOS Chlor und der INEOS Vinyls eingesetzt.

Für diese Weiterverwendung wird das Wasserstoffgas zuerst getrocknet und von Quecksilberrückständen befreit. Nach der Aufbereitung des Gases werden ca. 50 % des Wasserstoffs zum Dampferzeuger der INEOS Chlor geleitet. Hier wird der Wasserstoff in einem Wasserstoffbrenner mit Luft gemischt und entzündet. Die restlichen ca. 50 % des Wasserstoffgases werden über eine Pipeline mit einem Druck von 3,6 bar zur INEOS Vinyls befördert. Dort wird das Gas in einem Brenner mit Erdgas gemischt und ebenfalls zur Dampferzeugung eingesetzt.

Klimaschutz konkret

5 Energiebedarf des Hafens

Der Energiebedarf des Jade-Weser-Ports setzt sich aus drei Anteilen zusammen:

- Dem Bedarf an elektrischer Energie für den Betrieb der elektrisch angetriebenen Containerbrücken und anderer elektrischer Verbraucher sowie für die Beleuchtung des Terminalgeländes,

- dem Treibstoffbedarf für den Betrieb der im Hafen eingesetzten, verbrennungsmotorisch betriebenen Fahrzeuge,

- dem Brennstoffbedarf zur Erzeugung der benötigten thermischen Energie (Heizwärme und Warmwasser).

5.1 Elektrische Energie

Elektrische Energie wird außer in der Verwaltung und in den Werkstätten vor allem für den Betrieb der elektrisch betriebenen Großgeräte benötigt. Bei der Auslegung als Van Carrier Terminal sind dies insbesondere die zum Be- und Entladen der Containerschiffe eingesetzten Containerbrücken.

Containerbrücken sind mit einer Höhe von ca. 39 Metern, einer Gesamtlänge von bis zu 130 Metern bei einer wasserseitigen Auslegerlänge von teilweise mehr als 70 m und einem Gesamtgewicht von über 2.000 Tonnen ein nicht zu übersehender Blickfang auf jedem Terminal.

Bei der Single Hoist Brücke wird der gesamte Arbeitsvorgang des Be- und Entladens durch eine von einem Brückenfahrer gesteuerte Laufkatze bewältigt. Diese übernimmt die gesamte Bewegung des Containers zwischen Schiff und Kai oder einem bereitstehenden Fahrzeug.

Bei einer Double Hoist Brücke wird der Gesamtvorgang auf zwei Laufkatzen verteilt. Die wasserseitige Laufkatze übernimmt den Transport der Container zwischen dem Schiff und einer so genannten Laschplattform. Nachfolgend übernimmt eine zweite, häufig vollautomatisch arbeitende Laufkatze das Absetzen der Container auf dem Kai oder einem bereitstehenden Transportfahrzeug. Durch diese Arbeitsteilung wird die Kapazität der Brücke gegenüber der Single Hoist Variante gesteigert. Die Umschlagsleistung liegt bei einer Single Hoist Brücke bei maximal 25 Containern pro Stunde, bei einer Double Hoist Brücke bei 40 Containern pro Stunde.

Heutige Containerbrücken werden häufig bereits mit einem System zur Energierückgewinnung ausgestattet. Die Windenantriebe werden beim Herablassen der Lasten als Generatoren eingesetzt und die so gewonnene elektrische Energie in das Versorgungsnetz eingespeist.

Kühlcontainer

Der durchschnittliche Anteil von Kühlcontainern am Gesamtumschlag des Hafens wird anfänglich voraussichtlich 4 % betragen. 40 % der Kühlcontainer werden sofort weiter verladen, die verbleibenden 60 % werden für eine durchschnittliche Dauer von 4 Tagen auf dem Terminal gelagert. Somit befinden sich (ausgehend von dem angenommenen Jahresumschlag in Höhe von 1,8 Mio. TEU) in der Regel ca. 316 Kühlcontainer auf den hierfür vorgesehenen Stellplätzen im Terminal.

Gebäude und Flächenbeleuchtung

Der elektrische Energiebedarf für die Gebäude und die Beleuchtung des Terminals ergeben sich aus den Nutzflächen der einzelnen Bauten (bzw. aus der Gesamtfläche des Terminals). Der jeweils angesetzte spezifische Leistungsbedarf ist in der folgenden Tabelle dargestellt.

Gebäude und Flächenbeleuchtung	Angenommener Leistungsbedarf je m² Nutzfläche [W/m²]
Bürogebäude	100
Werkstätten	80
Waschhalle	120
Lager	80
Verkehrsflächen	0,3

Tab. 5.1: **Spezifischer Leistungsbedarf sonstiger Energieverbraucher**

Diese Werte beinhalten neben der Raumbeleuchtung auch die genutzten Gerätschaften (Serversysteme, PC, etc.) und Klimatisierungsanlagen. Im Falle einer Freischicht wird für die Gebäude ein Energiebedarf von 50 % des oben genannten Wertes angenommen. Für die Beleuchtung der Verkehrsflächen werden tagsüber 25 % des Wertes aus der obigen Tabelle zu Grunde gelegt.

5.2 Thermische Energie

Der Bedarf des Terminals an thermischer Energie beschränkt sich in den ersten Jahren (durch das Fehlen von Kühlhäusern und anderen Abnehmern für Prozesswärme) auf den Bedarf für

Gebäudeheizung und Warmwasserbereitstellung. Der Verlauf des Gesamtwärmebedarfs über ein Jahr ist in der folgenden Abbildung dargestellt:

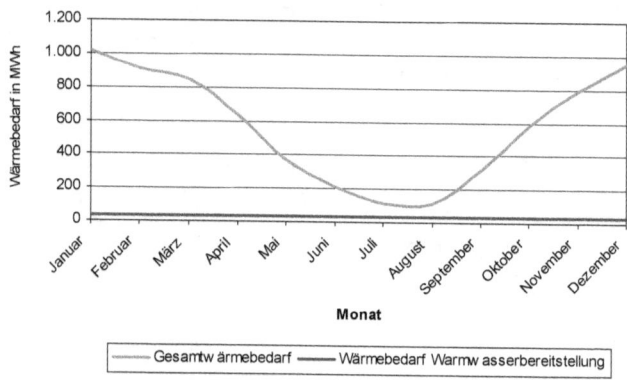

Abb. 5.1: Verlauf des Gesamtwärmebedarfs des Jade-Weser-Port

5.3 Kraftstoffbedarf

Der hohe Bedarf an Dieselkraftstoff wird durch den Einsatz verbrennungsmotorisch betriebener Flurförderfahrzeuge beim Containerhandling hervorgerufen. Diese Straddle Carrier oder auch Portalhubwagen genannten Fahrzeuge sind moderne Transportfahrzeuge, die speziell für den Einsatz auf Containerterminals entwickelt wurden. Sie dienen neben dem Transport auch der Ein- und Auslagerung von Containern auf den Stauflächen.

Die aktuellen Standardcarrier sind bis zu 16 m hoch, 12 m lang und 5 m breit. Bei einem Eigengewicht von bis zu 70 t sind sie in der Lage, Lasten bis zu 60 t zu bewegen *Abb. 5.2*.

5 Energiebedarf des Hafens

Abb. 5.2: Van Carrier der Konecranes GmbH[10]

Grundsätzlich erfolgt die Energieversorgung dieser Geräte durch Dieselaggregate der Leistungsklasse bis 350 kW. Aktuelle Straddle Carrier arbeiten in der Regel mit dieselelektrischer Kraftübertragung. Ein Verbrennungsmotor treibt einen Generator an, der die elektrische Energie für die (Elektro-)Fahrmotoren und den Hubwindenantrieb erzeugt. Da somit kein direkter Kraftfluss zwischen Verbrennungsmotor und den angetriebenen Aggregaten stattfindet, werden Laständerungen zeitverzögert an den Verbrennungsmotor weitergegeben. Der Aufbau eines dieselelektrischen Antriebs wird durch das folgende Schema verdeutlicht.

---

[10] http://www.konecranes.com

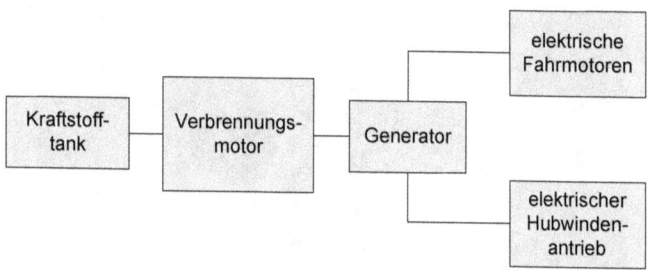

Abb. 5.3: Schematische Darstellung eines dieselelektrischen Antriebes

Fahrzeuge mit dieselelektrischem Antrieb bieten sich grundsätzlich für eine Ausrüstung mit Hybridantrieben (der z. Z. im PKW-Bereich häufig und heftig diskutiert wird) an. Die Besonderheit dieser Antriebsart besteht in der Möglichkeit zur Umwandlung der Bremsenergie in elektrische Energie sowie der Speicherung anfallender Energieüberschüsse.[11] Die gespeicherte Energie kann zum Glätten der Lastkurven verwendet werden. Letztendlich wird so die Leistung des Verbrennungsmotors reduziert, da ein über die Motorleistung hinausgehender Leistungsbedarf aus dem Speicher bedient wird. Nachteilig wirken sich bei der Auslegung eines derartigen Systems jedoch eindeutig das Gewicht und die Kosten der Speicher aus.[12]

---

[11] Institut für Kraftfahrtwesen Aachen, 1998
[12] Ebd.

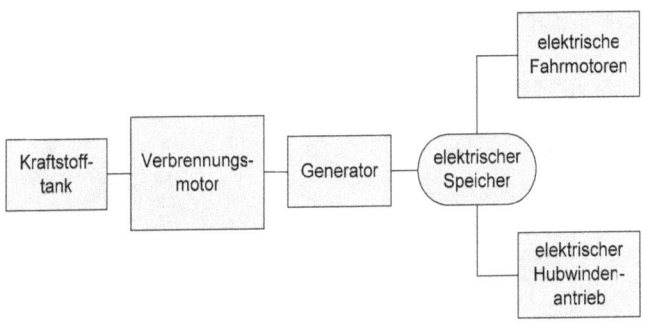

Abb. 5.4: Schematische Darstellung eines seriellen Hybridantriebs

Der Kraftstoffbedarf der zum Einsatz kommenden Fahrzeuge ist stark von deren Einsatzprofil abhängig. Bei Fahrzeugen, die Container nur über kurze Strecken bewegen und dementsprechend häufig Lasten heben und beschleunigen müssen, liegt er deutlich über dem Bedarf von Fahrzeugen, die verhältnismäßig lange Fahrwege zurücklegen und deren Betriebszyklus somit weniger Hub- und Beschleunigungsvorgänge aufweist.

Auf Basis der erwarteten Umschlagszahlen sowie einer Handlingdauer von 15 Minuten pro Container ergibt sich eine erforderliche Betriebsdauer von 300.000 Stunden pro Jahr. Bei einem Fuhrpark von 72 Fahrzeugen und gleichmäßiger Auslastung aller Fahrzeuge bedeutet dies eine jährliche Betriebsstundenanzahl von ca. 4.170 Stunden pro Fahrzeug. Aus dieser Benutzungsdauer sowie dem Kraftstoffverbrauch der Fahrzeuge ergibt sich ein jährlicher Treibstoffbedarf von ca. **6.472.000 Litern Diesel**.

5.4 Zusammenfassung des Gesamtenergiebedarfs

Die Anteile der einzelnen Energiearten am Gesamtverbrauch sind in der folgenden Grafik veranschaulicht.

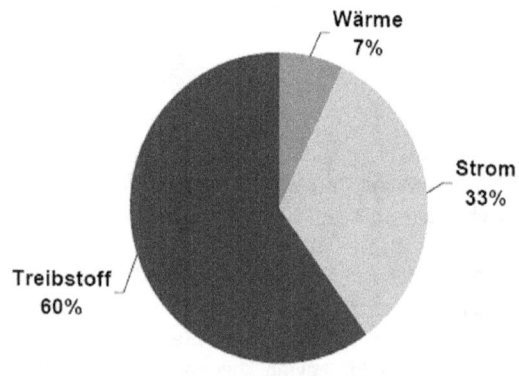

Abb. 5.5: Aufteilung des Energiebedarfs

6 Technische Aspekte der Wasserstoffanwendung

Der Einsatz von Wasserstoff in einem Containerterminal ist technisch prinzipiell möglich, wirft aber einige Fragen auf. Da die erforderlichen Kapazitäten zur sicheren Versorgung eines derartigen Abnehmers weit über bisher betrachtete Anwendungsfälle hinausgehen, ist ein Rückgriff auf bereits am Markt befindliche Produkte nicht ohne weiteres möglich. So ist die Problematik der H_2-Verteilung im Hafen zu lösen, darüber hinaus sind Konzepte zur Speicherung des Wasserstoffs in den Fahrzeugen und zur Betankungslogistik zu erstellen. Wichtig für eine spätere Realisierung ist vor allem, dass die Anforderungen des Terminalbetreibers in Bezug auf die Reichweite der Fahrzeuge und die Länge (oder besser Kürze) der Stillstandszeiten durch Betankungsvorgänge erfüllt werden.

6.1 Transport

Wasserstoff kann in flüssigem oder gasförmigem Aggregatzustand transportiert werden, wobei Pipelines oder Tanklastwagen für den Transport in Frage kommen. Aufgrund der hohen Investitionskosten für eine Verflüssigungsanlage sowie des mit der Verflüssigung verbundenen, hohen Energieaufwands wird die Alternative „Flüssigwasserstoff" an dieser Stelle nicht weiter betrachtet. Das stattdessen gewählte Transportkonzept ist in *Abb. 6.1* dargestellt.

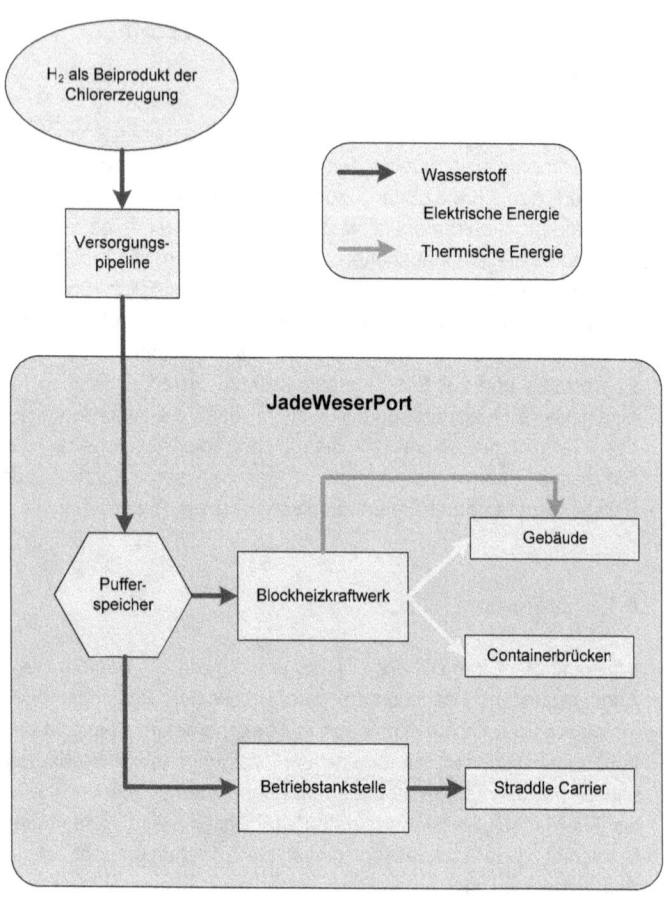

Abb. 6.1: Verteilungskette für gasförmigen Wasserstoff (GH$_2$)

Straßentransport

Derzeit sind verschiedene Trailer für den Transport von gasförmigem Wasserstoff am Markt erhältlich. Bei dieser Transportvariante entfällt die erwähnte kosten- und energieaufwändige Verflüssigung. Es ist jedoch eine Abfüllstation erforderlich, durch die eine Kompression des Gases und das Befüllen des Trailers erfolgt. Ein klarer Nachteil ist, dass der Energiegehalt einer Lastwagenladung gasförmigen Wasserstoffs weit unter dem vergleichbaren Wert für flüssigen Wasserstoff liegt.

Rohrleitungsgebundener Transport

Die Verteilung gasförmigen Wasserstoffs durch Pipelines ähnelt technisch dem Transport von Erdgas. Die für den rohrleitungsgebundenen Transport des Wasserstoffs benötigten technischen Anlagen wie Verdichter und Rohrleitungen sind bereits erprobt. Aufgrund der geringen volumenbezogenen Energiedichte des Wasserstoffs erfordert die Verteilung aber einen höheren Energieeinsatz als die Verteilung des gleichen Energieinhaltes in Form von Erdgas.

Der Transport von Wasserstoff weist darüber hinaus einige Besonderheiten auf. So ist aufgrund der geringen Dichte ein besonderes Augenmerk auf die Dichtigkeit der Kompressoren, Leitungen und Armaturen zu richten. Zusätzliche Materialschädigungen durch Wasserstoff treten im Allgemeinen hauptsächlich bei der Verwendung reinen Wasserstoffs unter hohem Druck und bei hohen Temperaturen auf. Schon geringe „Verunreinigungen" durch Sauerstoff und Wasser machen den Wasserstoff „verträglicher".

Betriebserfahrung in Bezug auf Wasserstoffpipelines wird bereits seit Ende der dreißiger Jahre des letzten Jahrhunderts gesammelt. Eine bestehende Wasserstoffpipeline der INEOS ist immerhin seit mehr als zwanzig Jahren in Betrieb. Diese Leitung hat bei einem Durchmesser von 150 mm eine Länge von 12 km und wird mit einem Überdruck von 2,2 bar betrieben. Die Kapazität der Pipeline beträgt 6 t Wasserstoff pro Tag.

Für eine Wasserstoffversorgung des Jade-Weser-Ports über eine Pipeline sprechen die geringe Entfernung zur Wasserstoffquelle (ca. 6 km) und der hohe Brennstoffbedarf des Terminals. Zur Gewährleistung einer unterbrechungsfreien Deckung dieses Bedarfs wäre eine große Anzahl von Trailern erforderlich, der Pipeline-Transport ist demgegenüber wesentlich wirtschaftlicher. Darüber hinaus ist auch das Verkehrsaufkommen im Bereich des Terminals zu beachten. Das Verkehrsaufkommen wird bereits durch den Anteil der per Lastkraftwagen auf der Straße transportierten Container stark ansteigen, so dass eine zusätzliche Belastung der Verkehrswege zu vermeiden ist.

6.2 Speichertechnik

Wasserstoff ist der Energieträger mit der höchsten massenbezogenen Energiedichte. So hat 1 kg Wasserstoff einen Energiegehalt von 33,33 kWh. Dieser Wert entspricht der Energiemenge, die in ca. 2,4 kg Erdgas oder in ca. 2,9 kg Dieselkraftstoff enthalten sind. Aufgrund der sehr geringen Dichte von 0,089 kg/m³ ist der volumenbezogene Energiegehalt jedoch sehr gering.

Für die Anwendung als Treibstoff in Fahrzeugen liegen gewichtsmäßige und räumliche Begrenzungen vor. Um diesen Einschränkungen zu genügen, kommen verschiedene Speichertechniken infrage. Ausreichende Erfahrung existiert sowohl in den Bereichen der Flüssiggas- als auch Druckgasspeicherung. Beide Verfahren werden jeweils von verschiedenen Automobilherstellern favorisiert.

Für die Verwendung in Druckgasspeichern wird der gasförmige Wasserstoff komprimiert und als CGH_2 (Compressed Gaseous

Hydrogen) in Druckbehältern gelagert. Für die Kompression des Gases auf 350 – 700 bar wird eine Energiemenge benötigt, die ca. 12–15 % des Energiegehaltes der verdichteten Gasmenge entspricht.[13] Die Speicherung als Druckgas wird derzeit von Opel, Ford und Daimler Chrysler sowie in den Bussen des „Clean Urban Transport for Europe - CUTE" Projektes favorisiert. Im letztgenannten CUTE-Projekt wird der Einsatz von Wasserstoffbussen in verschiedenen europäischen Städten demonstriert. Hier wird großflächig das Druckniveau von 350 bar genutzt. Nachteil der Druckgasspeicherung ist jedoch weiterhin die verhältnismäßig geringe volumenbezogene Energiedichte, wobei die Energiedichte selbst bei einem Speicherdruck von 700 bar nur 75 % des Wertes für die Speicherung von flüssigem Wasserstoff beträgt.[14]

Bei der Entwicklung der Speicherbehälter konnten bereits große Fortschritte erzielt werden. Eine moderne Compound Flasche aus Kohle- und Glasfaser wiegt etwa die Hälfte eines herkömmlichen Stahlbehälters, bietet jedoch eine hohe Druckfestigkeit. In derartigen Speichern kann der Wasserstoff über einen nahezu unbegrenzten Zeitraum verlustfrei aufbewahrt werden.

Weitere alternative Speichertechnologien wie die Speicherung in Metallhydriden oder in Kohlenstoff-Nanofasern befinden sich noch im Entwicklungsstadium und erreichen bei Weitem noch nicht die Leistungsfähigkeit und Haltbarkeit der Druckgas- und Flüssiggasspeicher.[15]

Im Folgenden wird von der Verwendung von komprimiertem, gasförmigem Wasserstoff bei einem Speicherdruck von 350 bar ausgegangen. Für diesen Druck sind bereits markterprobte Speicherbehälter mit den zugehörigen Armaturen erhältlich.

---

[13] Wolf, J., 2003
[14] Deutscher Wasserstoff- und Brennstoffzellenverband e. V., 2004
[15] Wolf, J., 2003

6.3 Tankanlagen

Die Verfahren zur Betankung von Fahrzeugen mit gasförmigem Wasserstoff ähneln den bei der Nutzung von Erdgas angewendeten Techniken. Der Hauptunterschied liegt in der höheren Druckstufe. Während der Standarddruck bei der Erdgasspeicherung in mobilen Anwendungen bei 200 bar liegt, werden für Wasserstoff aufgrund seines geringen volumenbezogenen Energiegehaltes höhere Drücke von bis zu 700 bar in Betracht gezogen.

Für den gewählten Speicherdruck von 350 bar liegen bereits Erfahrungen aus dem schon erwähnten CUTE-Projekt vor. Weiterhin erscheint das Volumen der Speicher für die Unterbringung in Straddle Carriern praktikabel. Die grundsätzlichen Ausführungen der Betankungsanlage als Overflow- oder Booster-Füllsystem sind ebenso wie bei der Erdgastechnik möglich. Bei der Auslegung als **Overflow-System** wird das Gas komprimiert und mit einem Druck in Speicherbänken gelagert, der höher ist als der im Fahrzeugtank nach der Betankung vorherrschende Druck. Ein Kompressor wird hier nur zur Befüllung der Speicherbänke benötigt. Die Betankung findet über die Zapfsäule direkt aus den Speicherbänken statt.

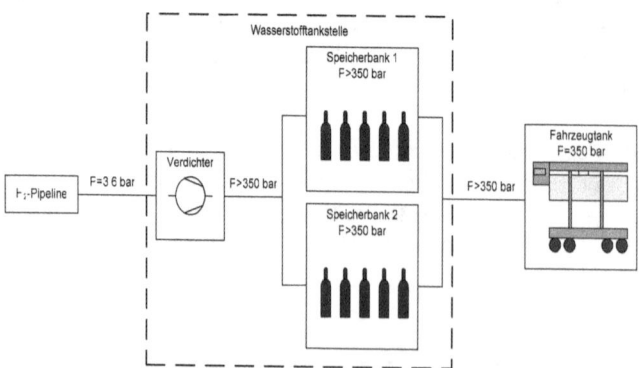

Abb.6.3: Schema Overflow-Prinzip

Das **Booster-System** arbeitet ebenfalls mit einem Kompressor, der den Speicherbänken vorgeschaltet ist. Dieser befüllt die Bänke mit einem Druck, der unterhalb des Zieldruckes im Fahrzeugtank liegt. Von diesen Speicherbänken wird das Gas über einen weiteren Kompressor, den so genannten Booster, geleitet. Dieser befördert das Wasserstoffgas in die Fahrzeugtanks, bis dort der gewünschte Speicherdruck erreicht ist.

Die Füllleistung von Wasserstofftankstellen, die nach dem Booster- oder Overflow-Prinzip arbeiten, liegt derzeit bei ca. 3 kg/min.[16] Diese Leistung würde bei einer Füllmenge von ca. 208 kg Wasserstoff zu einer inakzeptablen Betankungsdauer der Carrier von mehr als einer Stunde führen.

Eine weitere Systemalternative ist die Langzeitbetankung der Fahrzeuge. Dieses Verfahren wird häufig bei der Betankung erdgasbetriebener Busflotten eingesetzt. Bei diesem Verfahren werden die Fahrzeuge über einen Kompressor befüllt, der das Gas direkt aus der Versorgungsleitung in die Tankbehälter presst. Aufgrund der langen Dauer für diese Art der Betankung werden die Busse während der Stillstandszeiten über Nacht befüllt.

Bei Straddle Carriern gibt es aufgrund der hohen Auslastung der Fahrzeuge jedoch kaum Stillstandszeiten, in denen die Betankung erfolgen könnte. Als Lösung bietet sich hier die Entkoppelung des Betankungsvorganges vom Fahrzeugstillstand an, z.B. durch die Verwendung von Wechseltanks. Die Wechseltanks werden bei Erreichen des minimalen Füllstandes aus dem Fahrzeug entnommen und durch einen vollen Tank ersetzt. Das Wiederbefüllen des Wechseltanks erfolgt also, ohne einen Stillstand des Fahrzeuges zu erfordern. Ein klarer Nachteil sind aber die relativ hohen Investitionskosten, die durch die Vorhaltung einer ausreichenden Anzahl von Wechseltanks entstehen.

---

[16] vergl. Datenblatt Linde 450 bar Wasserstofftankstelle

6.4 Motorentechnik

Wasserstoff eignet sich grundsätzlich als Kraftstoff für Verbrennungsmotoren, wobei der prinzipielle Aufbau eines Wasserstoffmotors dem Aufbau eines Otto-Motors ähnelt. Mit der Verwendung von Wasserstoff sind jedoch einige Herausforderungen verbunden. So besitzt Wasserstoff nicht die Schmiereigenschaften fossiler Kraftstoffe und kann zudem den Schmierfilm in den Zylindern angreifen. Weiterhin gibt es Probleme durch die unregelmäßige Verbrennung, durch die es zu Früh- und Rückzündungen kommen kann.

Wasserstoff liefert in optimierten Verbrennungsmotoren häufig bessere Wirkungsgrade als herkömmliche Kraftstoffe. Ein Hauptproblem ist jedoch die geringere Leistung der wasserstoffbetriebenen Motoren. Dieser Leistungsverlust ist unter anderem durch die geringe Dichte des Gases und den hohen Luftbedarf bedingt.

Die derzeit als Stand der Technik zu bezeichnenden Motoren kommen aus den Häusern BMW und MAN. Beide Unternehmen arbeiten mit Motoren, die entweder nach dem Otto-Verfahren oder nach einem abgewandelten Otto-Verfahren arbeiten. Die MAN-Motoren haben ihre Zuverlässigkeit bereits in einigen Projekten unter Beweis gestellt. So haben drei mit diesen Aggregaten ausgerüstete Busse am Münchner Flughafen bereits eine gemeinsame Laufleistung von 450.000 km erreicht. Im Gegensatz zum ersten Versuchsmotor, der bivalent für Benzin und Wasserstoff ausgelegt war, sind die jetzigen und zukünftigen Aggregate monovalent ausgelegt, sprich für den Betrieb mit Wasserstoff optimiert. In Bauweise und Leistung sind die MAN-Motoren für den Einsatz in Bussen ausgelegt und erreichen nicht die für den Einsatz in Straddle Carriern nötigen Werte.

In einem Projekt der Firma Jenbacher wurde ein Gas-Otto-Motor des Typs J156 für den Betrieb mit reinem Wasserstoff umgerüstet. Der Testbetrieb der Anlage erbrachte positive

Ergebnisse: Neben den guten Eigenschaften im Magerbetrieb, die zu einer Reduzierung der Stickoxyd-Emissionen führten, wurde auch eine positive Auswirkung auf das Wirkungsgradverhalten des Aggregats im Vergleich zum Erdgasbetrieb festgestellt.[17]

Eine interessante Alternative zum Ottomotor ist die Verwendung der Zündstrahltechnik, die häufig bei biogasbefeuerten Blockheizkraftwerken angewendet wird. Ein nach dem Dieselprinzip arbeitender Verbrennungsmotor erhält über das Einspritzsystem die zum Zünden des Gemischs nötige Energiemenge. Die eigentliche Antriebsenergie wird über den Ansaugtrakt zugeführt. Der Zündölanteil am Gesamtgemisch beträgt bei modernen Zündstrahlmotoren 2 – 5 %, somit können bis zu 98 % des herkömmlichen Kraftstoffs durch das verwendete Brenngas (z.B. Wasserstoff) substituiert werden.

Zündstrahlmotoren haben im Allgemeinen schlechtere Wirkungsgrade als optimierte Gasmotoren, jedoch ermöglicht die Anwendung dieses Motorenprinzips eine verhältnismäßig einfache Umrüstung der vorhandenen Dieselmotoren. Wichtig für den Einsatz im „H$_2$-Port" ist die Möglichkeit des bivalenten Betriebs mit Dieselkraftstoff. Mit anderen Worten, im Falle eines Ausfalls der Wasserstoffversorgung ist der Betrieb der Fahrzeuge weiterhin möglich. Diese Variante dürfte auch die Hemmschwelle möglicher Hafenbetreiber senken, da jederzeit ein Wechsel zurück zum bewährten Dieselkraftstoffeinsatz möglich ist.

6.5 BHKW

Im Falle des Jade-Weser-Ports steht ein hoher Bedarf an elektrischer Energie einem vergleichbar geringen thermischen Energiebedarf gegenüber. Eine Orientierung der BHKW-Auslegung am Strombedarf des Terminals ist somit nicht sinnvoll, da ein Großteil der erzeugten Wärme über Kühler an die Umwelt abgeführt werden müsste. Sinnvoll ist nur eine wärmeorientierte

---

[17] Herdin, G. R., 2002

Anlagenauslegung. Die thermische Leistung des BHKW wird dabei am Wärmegrundlastbedarf des Terminals ausgerichtet.

Aufgrund des anfänglich geringen Wärmegrundlastbedarfes des Jade-Weser-Ports wird als sinnvolle Größe für die thermische Leistung des Blockheizkraftwerkes ein Wert von ca. 23 % der benötigten Wärmehöchstleistung gewählt. Die Leistungsdaten des gewählten Moduls werden mit **507 kW$_{th}$** und **276 kW$_{el}$** zugrunde gelegt.

Bei der Motorenauslegung für den Wasserstoffbetrieb ergeben sich für eine stationäre Anwendung weniger Restriktionen als für den Einsatz in mobilen Anwendungen. Dies liegt zum einen an der relativ gleichmäßigen Betriebslast zum anderen an der höheren Flexibilität in Bezug auf Größe und Gewicht des Aggregates. Im Folgenden wird der Antrieb des Blockheizkraftwerkes durch einen mit reinem Wasserstoff betriebenen Ottomotor betrachtet.

6.6 Straddle Carrier

Der Einsatz von Wasserstoff als Kraftstoff zum Betrieb der Straddle Carrier wirft mehr Fragen auf, als der Einsatz als Brennstoff in einem Blockheizkraftwerk. Neben der benötigten hohen Spitzenleistung setzen auch der für den Einbau der Aggregate in den Fahrzeugen zur Verfügung stehende Raum sowie das zulässige Höchstgewicht der Fahrzeuge enge Grenzen. Dieses Problem wird noch dadurch verstärkt, dass für die Speicherung des Wasserstoffs weitere Raum- und Gewichtsreserven benötigt werden. Zudem stellen die stark variierenden Lasten beim Betrieb der Fahrzeuge höhere Ansprüche an den Motor als die nahezu stationären Lasten beim Betrieb eines BHKW.

Unter den genannten Voraussetzungen ist der Einsatz von Zündstrahlmotoren die ideale Lösung. Mit diesem Triebwerk kann die benötigte Spitzenleistung durch den Betrieb mit Dieselkraftstoff erreicht werden. Die zusätzliche Option, bei Ausfall der Wasserstoffversorgung auf den bewährten Dieselkraftstoff zurückzugreifen, sei hier ebenfalls noch einmal erwähnt.

Klimaschutz konkret

7 Wirtschaftlichkeit

Die im letzten Kapitel beschriebenen technischen Herausforderungen stellen sicherlich kein Hindernis für die Realisierung des Wasserstoffeinsatzes im Jade-Weser-Port dar. Die Frage ist aber, ob das Projekt auch „wirtschaftlich nachhaltig" durchführbar ist. Ökologische Lippenbekenntnisse werden gern geäußert, letztendlich sind aber ökonomische Parameter entscheidend.

7.1 Grundlagen

Der Wirtschaftlichkeitsberechnung liegen drei Varianten zu Grunde:

> - Grundszenario
>   Die konventionelle Energieversorgung ist das Ausgangsszenario. Der Energiebedarf wird zu 100% durch Fremdversorgung gedeckt. Das bedeutet, dass elektrische Energie extern von einem Energieversorger bezogen wird, ebenso wie Erdgas zur Wärmeerzeugung. Der Antrieb der Straddle Carrier erfolgt diesel-elektrisch. Dieses Szenario dient als Basis, der im Rahmen des Wirtschaftlichkeitsvergleiches alle anderen Szenarien gegenübergestellt werden.
>
> - Variante I
>   In der ersten Variante wird der Betrieb der Straddle Carrier mit Zündstrahlmotoren betrachtet, denen sowohl Wasserstoff (so weit wie möglich) als auch Diesel als Treibstoff zugeführt wird. Der weitere Energiebedarf wird wie bei der Ausgangsvariante durch Fremdversorgung gedeckt.

> Variante II
> Eine weitere Variante betrachtet ebenfalls den Einsatz diesel/wasserstoff-betriebener Zündstrahlmotoren als Antriebssysteme für die Straddle Carrier. Darüber hinaus wird zusätzlich ein kleines Wasserstoff-Blockheiz-Kraftwerk betrieben.

Für die oben genannten Szenarien erfolgt eine Abschätzung der energierelevanten Kosten, die sich aus folgenden Kostengruppen zusammensetzen:

> **Verbrauchsgebundene Kosten** bestehen größtenteils aus den variablen Energiekosten (Arbeitspreise für Strom und Erdgas sowie Kosten für weitere Brennstoffe) und den fixen Energiekosten (Leistungspreise für Strom und Gas). Weitere Bestandteile dieses Kostenblocks sind die Liefer- und Lagerkosten für Treibstoffe.

> **Betriebsgebundene und sonstige Kosten** enthalten die Wartungs-, Inspektions- und Überwachungskosten (Technische Überprüfungen, Abgasuntersuchungen).

> **Kapitalgebundene Kosten** setzen sich aus den Kosten für das eingesetzte Kapital (Zinsen) und den Abschreibungen zusammen.

Auf Basis der durch den Einsatz der verschiedenen Energieversorgungsstrukturen hervorgerufenen Veränderungen der energierelevanten Kosten werden die Rückflüsse (Einsparungen gegenüber dem Grundszenario) für die einzelnen Varianten errechnet. Über diese Rückflüsse wird dann der jeweilige Kapitalwert errechnet.

7 Wirtschaftlichkeit

7.2 Kapitalwerte

Bei beiden dargestellten „H_2-Alternativen" sind im Vergleich zur konventionellen Energieversorgung erst einmal höhere Anfangsinvestitionen zu tätigen. Inwieweit diese höheren Anfangsinvestitionen durch Einsparungen während des Betriebs ausgeglichen werden, zeigt die folgende Rechnung. Für diese Kalkulation nach der Kapitalwertmethode werden zunächst die Rückflüsse errechnet, die sich aus der Differenz von Einzahlungen und Auszahlungen ergeben. Die Berechnung des Kapitalwertes erfolgt durch Abzinsung dieser Rückflüsse mit dem angegebenen Kalkulationszinssatz.

Beträgt der Kapitalwert Null, bedeutet dies, dass sich die Investition genau auf Höhe des Kalkulationszinssatzes verzinst. Ist der Kapitalwert positiv, liegt die Verzinsung des investierten Kapitals über dem Kalkulationszinsfuß (die Investition „lohnt sich").

Wie in *Abb. 7.1* dargestellt, sind die Kapitalwerte beider „Wasserstoffvarianten" trotz der höheren Mehrinvestitionen deutlich positiv. Sie amortisieren sich innerhalb des neunten Betriebsjahres, wobei sich der zusätzliche Wasserstoffeinsatz im Blockheizkraftwerk geringfügig positiv auswirkt.

Da für die wasserstoffbetriebenen Aggregate entsprechende Erfahrungswerte fehlen, wurde lediglich eine Nutzungsdauer von 10 Jahren angenommen. Es ist gut möglich, dass hier auch längere Nutzungszeiten realisiert werden können. Die über die Nutzungsdauer zu erzielenden Einsparungen fallen dann noch deutlich höher aus.

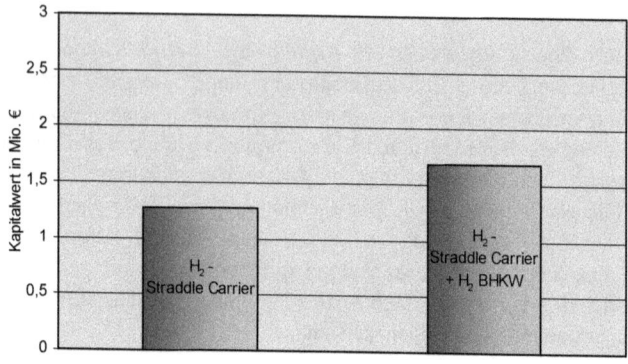

Abb. 7.1: Kapitalwerte der H_2-Anwendungen

7.3 Sensitivitätsanalyse

Die überraschend positiven wirtschaftlichen Ergebnisse basieren auf einer Vielzahl von Annahmen. Um die Belastbarkeit der Aussagen zu überprüfen, werden im Rahmen der Sensitivitätsanalyse die folgenden Parameter variiert und deren Auswirkungen auf das Gesamtergebnis untersucht:

> die Höhe des Wasserstoffpreises,

> die Höhe der Umrüstkosten für die Straddle Carrier (auf Wasserstoffbetrieb),

> die Anzahl der Straddle Carrier.

Höhe des Wasserstoffpreises

Für die Ergebnisse in *Abb. 7.1* wurde ein Wasserstoffpreis äquivalent zum Erdgaspreis angesetzt. In der nachfolgenden

Grafik ist dargestellt, welche Auswirkungen ein Wasserstoffpreis von 75 % bzw. 50 % des ursprünglich angesetzten Preises hat.

Wie zu sehen, steigt der Kapitalwert bei einem Wasserstoffpreis von 75 % des ursprünglichen Wertes auf ca. 3,8 Mio. €, bei einem Preis von 50 % des Erdgaspreises auf über 6 Mio. €.

Höhe der Umrüstkosten für die Straddle Carrier

Eine weitere Grundannahme ist, dass für die Umrüstung der Straddle Carrier auf Wasserstoffbetrieb 20 % der ursprünglichen Investitionskosten als Mehrkosten anfallen. Aus *Abb. 7.3* ist abzulesen, wie sich Umrüstkosten von 30 % (Variation 1) bzw. 10 % (Variation 2) auf die Kapitalwerte auswirken.

Bemerkenswert ist, dass bei Umrüstkosten von 30 % kein positiver Kapitalwert erreicht wird. Aus rein ökonomischer Sicht ist der Wasserstoffeinsatz in diesem Fall nicht sinnvoll. Eindeutig ist die Höhe der Umrüstkosten ein entscheidender (der entscheidende?) Faktor für die Wirtschaftlichkeit des Investments.

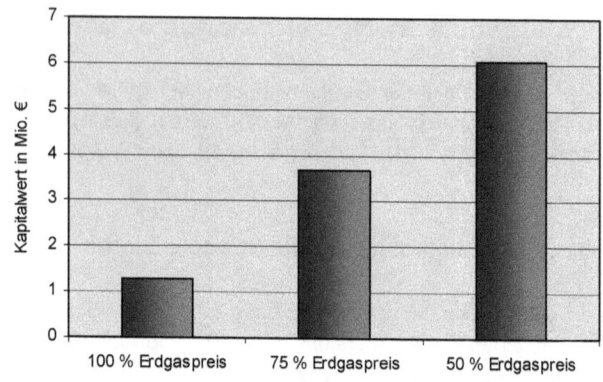

Abb.7.2: Variation des Wasserstoffpreises bei Variante I

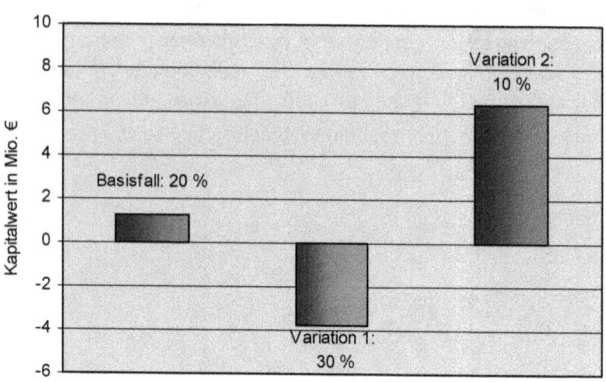

Abb.7.3: Variation der Umrüstkosten

Anzahl der Straddle Carrier

Wie bereits erwähnt, wurde angenommen, dass im Hafen 72 Straddle Carrier eingesetzt werden, deren durchschnittliche Betriebsstundenzahl bei 4.170 Stunden pro Jahr liegt. In Variation

1 wurden 60 Fahrzeuge (entsprechend 5.000 Betriebsstunden pro Fahrzeug), bei Variation 2 lediglich 50 Fahrzeuge (entsprechend 6.000 Betriebsstunden pro Fahrzeug) gewählt.

Wie nicht anders zu erwarten, wirkt sich eine geringere Anzahl von Fahrzeugen positiv auf die Wirtschaftlichkeit aus. Das liegt an den insgesamt niedrigeren Investitions- und Umrüstkosten für die Straddle Carrier sowie der besseren Auslastung der Fahrzeuge. Bei einer Flotte von 60 Fahrzeugen wird nach siebeneinhalb Jahren ein positiver Kapitalwert erreicht, bei 50 Fahrzeugen tritt die Amortisation bereits nach ca. sechseinhalb Jahren ein.

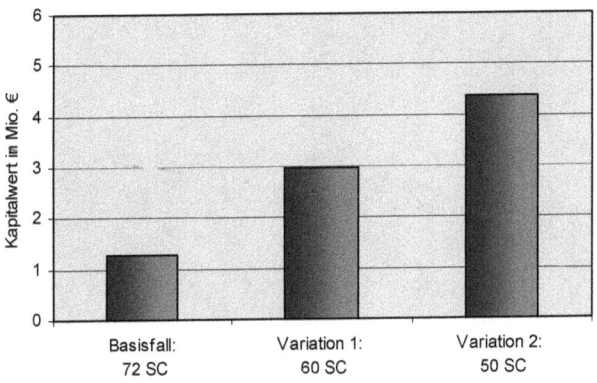

Abb. 7.4: Variation der Anzahl der Straddle Carrier

Klimaschutz konkret

8 CO2-Minderungspotenzial

Wie im letzten Kapitel erläutert, ist der Einsatz industriellen Wasserstoffs in einem Containerhafen durchaus wirtschaftlich darstellbar, selbst wenn für den eingesetzten Wasserstoff ein Preis äquivalent zu Erdgas gezahlt wird. Das ursprüngliche Ziel des Wasserstoffeinsatzes lag aber nicht in der Senkung der Betriebskosten des Hafens (erfreulicher Nebenaspekt) sondern vielmehr in einer Senkung der betriebsbedingten Emissionen.

Dass eine Emissionseinsparung erzielt wird, ist unbestritten. Um aber die Höhe der erreichbaren CO_2-Reduktionen abzuschätzen, muss der gesamte Versorgungsweg von der Primärenergiegewinnung bis zur Nutzenergiebereitstellung berücksichtigt werden. Im Folgenden werden daher die Ergebnisse einer ganzheitlichen Bilanzierung der Emissionen, über alle Umwandlungsstufen der Energieträger hinweg, wiedergegeben.

8.1 Spezifische CO_2-Emissionen

In den betrachteten Versorgungsvarianten kommen folgende Energiearten bzw. Energieträger zum Einsatz:

> - Erdgas
> - Dieselkraftstoff
> - Elektrische Energie
> - Wasserstoff

Erdgas

Gemäß GEMIS[18] beträgt der CO_2-Emissionsfaktor für Erdgas, das in seiner Zusammensetzung dem Erdgas-Mix in Deutschland

---

[18] Globales Emissions-Modell Integrierter Systeme

entspricht 201,1 g/kWh. Das heißt, bei der Verbrennung von 1 kWh Erdgas wird die Menge von 201,1 g CO_2 freigesetzt. Doch auch in den vorgelagerten Prozessstufen, wie der Gewinnung, der Aufbereitung und dem Pipeline-Transport des Erdgases, wird CO_2 emittiert, da auch für diese Bereitstellungsprozesse Energie eingesetzt werden muss.

Aufgrund des geringen Erdgasbedarfs des Jade-Weser-Ports wird von einem Anschluss an das bestehende lokale Erdgasnetz ausgegangen. Für den gesamten Bereitstellungsprozess von der Gewinnung des Erdgases bis hin zur Entnahme aus dem Versorgungsnetz vor Ort bedeutet das zusätzliche spezifische CO_2-Emissionen in Höhe von 22,1 g/kWh Erdgas. Insgesamt werden also durch die Erzeugung von Wärme aus Erdgas spezifische CO_2-Emissionen von 223,2 g pro kWh des eingesetzten Erdgases verursacht.

Dieselkraftstoff

Für Dieselkraftstoff liegt der CO_2-Emissionsfaktor bei der Verbrennung bei 268,3 g/kWh. Aus den Bereitstellungsprozessen (Gewinnung und Transport des Rohöls, Aufbereitung in der Raffinerie sowie Transport des Diesel-Kraftstoffs zur Tankstelle) resultieren Emissionen in Höhe von 39,0 g/kWh. Der Einsatz von Dieselkraftstoff verursacht also spezifische CO_2-Emissionen von insgesamt 307,3 g/kWh eingesetzter Brennstoffenergie.

Elektrische Energie

Für den Strombezug aus dem öffentlichen Versorgungsnetz wird davon ausgegangen, dass die Stromabnahme direkt am Transformator für 110 kV auf Mittelspannungsebene erfolgt. Die Prozesskette für die Bereitstellung von elektrischer Energie umfasst Gewinnung, Aufbereitung und Transport der zur Stromerzeugung eingesetzten fossilen Energieträger, die

Stromerzeugung in Kraftwerken (inklusive Bau und Rückbau der Kraftwerksanlagen) sowie den Stromtransport über das elektrische Verbundnetz bis zum Transformator am Ort der Abnahme. Für diesen Gesamtprozess werden spezifische CO_2-Emissionen in Höhe von 575,9 g/kWh angesetzt. Der Kraftwerksmix in Deutschland **im Jahr 2010,** der dieser Annahme zugrunde liegt, ist in der folgenden Abbildung dargestellt.

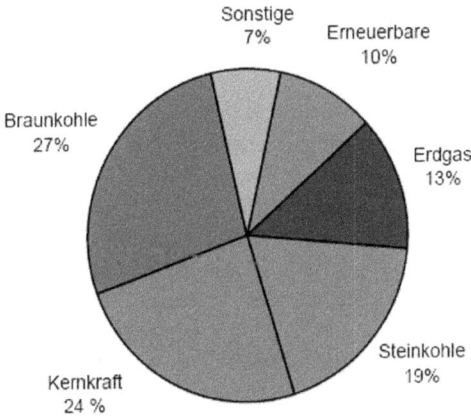

Abb. 8.1: Kraftwerksmix in Deutschland 2010

Wasserstoff

Bei der Verbrennung von Wasserstoff werden keine Emissionen freigesetzt. Zu berücksichtigen sind aber, ähnlich wie bei fossilen Energieträgern, die Emissionen, die aus der Bereitstellung des Wasserstoffs resultieren. In diesem Zusammenhang interessieren die Herstellung, die Komprimierung für den Transport, die Speicherung des Wasserstoffes sowie der Betrieb einer Wasserstofftankstelle.

Wasserstoffherstellung

Die Chlor-Alkali-Elektrolyse stellt eine Kuppelproduktion dar, d.h. bei der Chlorerzeugung fallen zwangsläufig auch Natronlauge und Wasserstoff (in stets gleich bleibenden Mengenverhältnissen) an. Während Chlor und Natronlauge verkaufsfähige Produkte darstellen, existiert für Wasserstoff derzeit (noch) kein Markt. Betrachtet man Wasserstoff lediglich als „Abfallprodukt" der Chlorherstellung, so würden die entstehenden Emissionen sicherlich ausschließlich den verkaufsfähigen Produkten zugerechnet, d. h. Wasserstoff wäre als vollständig emissionsfrei zu betrachten.

Bei einer weitgehenden energetischen Verwendung des anfallenden Wasserstoffs ist die Annahme der Emissionsfreiheit hingegen nicht zu rechtfertigen (oder zumindest diskutabel). Durch die auch heute schon praktizierte energetische Verwendung des anfallenden Wasserstoffs, erst recht aber durch den Verkauf des Wasserstoffs an einen externen Kunden im Rahmen von H_2-Port, stellt auch der als Kuppelprodukt anfallende Wasserstoff ein verkaufsfähiges Produkt dar. Eine anteilige Zurechnung der Emissionen ist somit gerechtfertigt.

Wie aber sind die Gesamtemissionen der Kuppelproduktion auf die einzelnen Kuppelprodukte aufzuteilen? Typisches Merkmal einer Kuppelproduktion ist, dass eine geforderte verursachungsgerechte Zurechnung der Emissionen nicht möglich ist. Die Eingangsstoffe der Kuppelproduktion lassen sich nicht eindeutig dem einen oder anderen Produkt zuordnen, da man eben nicht ausschließlich Chlor oder auch nur Natronlauge erzeugen kann, sondern am Ende des Elektrolyse-Prozesses stets drei Ausgangsprodukte gleichzeitig anfallen. Die Zurechnung der Emissionen auf die einzelnen Produkte kann also nicht verursachungsgerecht, sondern nur mithilfe eines als geeignet angesehenen (willkürlichen) Verteilungsschlüssels erfolgen.

8 CO2-Minderungspotenzial

Die Produkte der Chlor-Alkali-Elektrolyse sind vollkommen unterschiedlicher Natur. Während Chlor und Natronlauge weitere Verwendung aufgrund ihrer chemischen Eigenschaften finden, gilt das Interesse beim Wasserstoff seinem Energiegehalt. Ein Gegenbeispiel: Als Produkte eines Kraft-Wärme-Kopplungsprozesses erhält man Strom und Wärme, die beide wegen ihrer energetischen Eigenschaften verwendet werden. Hier wäre der jeweilige Energiegehalt (oder besser Exergiegehalt) ein geeigneter Verteilungsschlüssel. Im vorliegenden Fall der Chlor-Alkali-Elektrolyse sind jedoch vollkommen unterschiedliche Produkte zu vergleichen, die nicht über ihren Energiegehalt miteinander verglichen werden können.

Ein weiterer Ansatz wäre eine Aufteilung nach dem jeweiligen Geldwert. Ein belastbarer Marktwert für Wasserstoff lässt sich jedoch derzeit nicht bestimmen. Ein weiterer entscheidender Nachteil ist die Volatilität der Marktpreise. Diese ändern sich in der Regel täglich, im vorliegenden Fall würde sich dadurch auch der Anteil der einzelnen Produkte an den Gesamtemissionen täglich ändern.

Als Verteilungsschlüssel kommt letztendlich nur das Mengenverhältnis der Produkte infrage. Die Produkte der Chlor-Alkali-Elektrolyse fallen in stets gleichen, durch den Prozess vorgegebenen und daher nicht beeinflussbaren Mengenverhältnissen an, so dass auf diese Weise die Bestimmung eines fixen Emissionsfaktors für den erzeugten Wasserstoff möglich ist.

Teilt man dementsprechend die Gesamtemissionen durch die insgesamt produzierte Masse, so errechnet sich ein spezifischer Emissionswert in Höhe von 0,972 t CO_2 pro t des jeweiligen Produktes. Berücksichtigt man weiterhin den Energiegehalt des Wasserstoffs in Höhe von 33,33 MWh pro t, so betragen die aus der Herstellung resultierenden spezifischen CO_2-Emissionen des Wasserstoffs 29,2 g/kWh.

Wasserstofftransport

Für den Pipeline-Transport zum Hafen muss der Wasserstoff verdichtet werden. Hierfür wird ein Strombedarf in Höhe von 0,55 kWh pro kg Wasserstoff berücksichtigt. Dies entspricht einem Wert von 0,017 kWh elektrischer Energie pro kWh des transportierten Wasserstoffes. Mit den spezifischen Emissionen für elektrische Energie multipliziert, ergeben sich für den Pipelinetransport Emissionen in Höhe von 9,5 g CO_2 pro kWh Wasserstoff. Im Gegenzug sinkt dafür der Strombedarf für den Betrieb der Dieseltankstelle, da ein Teil des Dieselkraftstoffes substituiert wird.

Betrieb der Wasserstofftankstelle

Für den Betrieb der Wasserstofftankstelle (Verdichtungsarbeit) wird ein Strombedarf in Höhe von 2,83 kWh pro kg Wasserstoff berücksichtigt. Dies entspricht einem Wert von 0,085 kWh elektrischer Energie pro kWh Wasserstoff. Wiederum mit den spezifischen Emissionen für elektrische Energie multipliziert, ergeben sich für den Betrieb der Wasserstofftankstelle Emissionen in Höhe von 48,9 g CO_2 pro kWh Wasserstoff.

Summe

Fasst man nun, wie in der folgenden Abbildung dargestellt, die Bereiche Wasserstoffherstellung und -transport sowie Betrieb der Wasserstofftankstelle zusammen, so ergeben sich CO_2-Emissionen in Höhe von 87,6 g pro kWh eingesetzten Wasserstoffs.

8 CO2-Minderungspotenzial

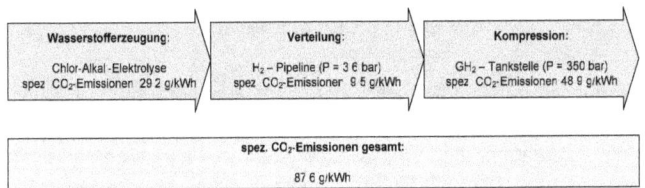

Abb. 8.2: CO_2-Emissionen über die Wasserstoffversorgungskette

Zusammenfassung

Die spezifischen CO_2-Emissionen der eingesetzten Energiearten bzw. Energieträger sind in der folgenden Tabelle zusammenfassend dargestellt.

Erdgas	Verbrennung:	201,1	g/kWh
	Aus vorgelagerten Prozessen:	22,1	g/kWh
	gesamt:	**223,2**	**g/kWh**
Diesel	Verbrennung:	268,3	g/kWh
	Aus vorgelagerten Prozessen:	39,0	g/kWh
	gesamt:	**307,3**	**g/kWh**
Strom	**Aus Fremdbezug:**	**575,9**	**g/kWh**
Wasserstoff	Anteil aus Kuppelproduktion:	29,2	g/kWh
	Aus Pipelinetransport:	9,5	g/kWh
	Aus Betrieb der Tankstelle:	48,9	g/kWh
	gesamt:	**87,6**	**g/kWh**

Tab. 8.1: Zusammenfassung der spezifischen Emissionen

8.2 CO_2-Emissionen der Szenarien

In der Grundvariante, also der Energieversorgung auf Basis konventioneller Energiesysteme, wird Erdgas zur Bereitstellung von Heizwärme und Warmwasser genutzt. Insgesamt ergeben sich für die Wärmeversorgung mittels Erdgas-Heizkessel CO_2-Emissionen in Höhe von 1.750 t pro Jahr. Da in Variante I der Einsatz von Wasserstoff ausschließlich für den Betrieb der Straddle Carrier vorgesehen ist, bleibt die Höhe der aus der Wärmeerzeugung resultierenden Emissionen gegenüber der Grundvariante gleich. Eine Reduzierung um etwas mehr als 500 t CO_2 pro Jahr ergibt sich lediglich in Variante II durch den Einsatz eines kleinen Heizkraftwerks (HKW). Die CO_2-Emissionen des Bereichs Wärmeerzeugung betragen in diesem Fall 1.240 t/a.

Der Strombedarf des Jade-Weser-Ports wird bei der Grundvariante ausschließlich durch Fremdbezug aus dem öffentlichen Versorgungsnetz gedeckt. Bei einem Bedarf von 33.990 MWh pro Jahr ergeben sich CO_2-Emissionen in Höhe von 19.570 t pro Jahr. Durch den Pipelinetransport des Wasserstoffes zum Hafen sowie den Betrieb der Wasserstofftankstelle steigt der Gesamtstrombedarf in Variante I leicht an. Folgerichtig steigen auch die Emissionen in diesem Bereich auf 22.300 t/a. Der Einsatz des HKW in Variante II senkt die jährlichen Emissionen auf 21.670 t CO_2.

Die benötigte Brennstoffenergie für den Betrieb der Straddle Carrier verursacht jährliche CO_2-Emissionen in Höhe von 19.490t. In Variante I wird ein erheblicher Teil des Mineralöls durch Wasserstoff substituiert. Insgesamt ergibt sich ein jährlicher Bedarf an Dieselkraftstoff von 16.500 MWh und ein jährlicher Bedarf an Wasserstoff von 46.880 MWh. Der Betrieb der Straddle Carrier verursacht somit insgesamt CO_2-Emissionen in Höhe von 6.450 t/a. Da sich in Variante II der Betrieb der Straddle Carrier nicht ändert, bleiben die Emissionen ebenfalls auf dem gleichen Niveau.

8 CO2-Minderungspotenzial

8.3 Vergleich der CO_2-Emissionen

Insgesamt werden also durch den Hafenbetrieb im Falle einer konventionellen Energieversorgung ca. **40.800 t CO_2** pro Jahr emittiert. Durch den Wasserstoffeinsatz zum Betrieb der Carrier können CO_2-Emissionen auf 30.500 t/a gesenkt werden. Sie liegen damit um 10.300 t/a bzw. **ca. 25 %** unterhalb denen einer konventionellen Energieversorgung des Jade-Weser-Ports.

Wird darüber hinaus ein Teil der elektrischen Energie und der Wärme im Eigenbetrieb erzeugt, so ergeben sich CO_2-Emissionen in Höhe von 29.360 t/a (Variante II). Gegenüber einer konventionellen Energieversorgung werden also Emissionen in Höhe von 11.450 t bzw. **28 % pro Jahr eingespart**.

Die geringe Differenz zwischen den „Wasserstoff-Varianten" ist eine Folge des „kleinen" HKW, dessen Dimensionierung wiederum eine Folge des geringen kontinuierlichen Wärmebedarfs ist.

Der Einsatz eines größeren wasserstoffbetriebenen Blockheizkraftwerkes mit z.B. je zwei MW thermischer und elektrischer Leistung würde die CO_2-Emissionen des Hafenbetriebs auf 22.050 t/a senken. Dies bedeutet eine **Reduzierung der CO_2-Emissionen um ca. 18.800 t/a bzw. 45%.** Voraussetzung hierfür wäre aber ein erhöhter Wärmebedarf im Hafen bzw. in Hafennähe.

Die folgende Abbildung stellt Emissionseinsparungen in graphischer Form dar.

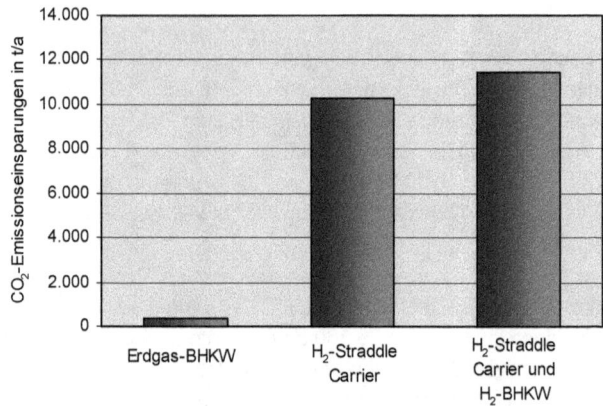

Abb.8.3: CO_2-Emissionsreduktion

Gut zu erkennen sind die generell positiven Auswirkungen des Wasserstoffeinsatzes im Hinblick auf die CO_2-Emissionen des Hafenbetriebs. Im Bereich des Fahrzeugbetriebs ermöglicht die Substitution von Diesel-Kraftstoff durch Wasserstoff erhebliche Einsparungen. So können die aus dem Betrieb der Straddle Carrier resultierenden CO_2-Emissionen um etwa zwei Drittel gesenkt werden. Dem stehen leicht erhöhte Emissionen im Bereich der Stromversorgung gegenüber, da für Transport und Speicherung des Wasserstoffs aufgrund der Verdichtung ein erhöhter Strombedarf entsteht. Die erhöhten Werte im Bereich Stromversorgung zehren jedoch die erzielten Einsparungen im Bereich Fahrzeugbetrieb bei weitem nicht auf.

Zum Vergleich sind in *Abb. 8.3* die möglichen Emissionsminderungen durch den Einsatz eines Erdgas-BHKW eingetragen. Selbstverständlich steigen auch hier die Einsparpotenziale bei Einsatz eines BHKW mit höherer Leistung.

Teil II Wasserstoff für Wilhelmshaven

Im ersten Teil wurde die Nutzung des industriellen ("bereits vorhandenen") Wasserstoffs anhand eines konkreten Projektes dargestellt. Wie in diesem Fall gezeigt:

- ist ein wirtschaftlicher Einsatz des industriellen Wasserstoffs möglich;

- können so Emissionseinsparungen von bis zu 45% realisiert werden.

Wir diskutieren also in diesem Fall nicht, wie sonst üblich, über CO_2-Vermeidungskosten. Vielmehr ist die Emissionsminderung bei gleichzeitiger Kostensenkung erreichbar. Wie aber ändert sich diese komfortable Situation, wenn die "Herstellung" des Wasserstoffs mit betrachtet wird? Und was kostet die kWh Strom, wenn die Energieversorgung ausschließlich durch erneuerbare Energiequellen gedeckt wird? Um diese Fragen zu beantworten, wird in Teil II das Szenario einer "100%-erneuerbaren-Versorgung" entwickelt. Um der Phantasie nicht zu sehr freien Lauf zu lassen, orientiert sich diese Vision am konkreten Beispiel der Stadt Wilhelmshaven, oder besser, einer Stadt in der Größenordnung von Wilhelmshaven.

9 Die Stadt

Bevor das visionäre Versorgungsszenario erläutert wird, soll im Folgenden erst einmal "das Versuchsobjekt" vorgestellt werden:

Wilhelmshaven ist eine Stadt in Nordwestdeutschland, direkt am Jadebusen gelegen. Nachdem Preußen im Jahr 1853 ein 313 ha großes Gebiet vom Großherzogtum Oldenburg gekauft hatte, gründete König Wilhelm I. von Preußen nach Fertigstellung des Hafens im Jahr 1869 Wilhelmshaven. 1871 wurde Wilhelmshaven, wie auch Kiel, Reichskriegshafen. 1873 erhielt die junge Siedlung Stadtrechte, blieb aber bis 1919 Landgemeinde. Erst dann wurde sie zu einer kreisfreien Stadt erklärt. In den folgenden Jahren wurde die Stadt durch Vereinigung mit anderen Städten stetig vergrößert. Mit der Eingliederung der Gemeinde Sengwarden im Jahr 1972 wurde die heutige Ausdehnung der Stadt erreicht.[19]

Durch die Abhängigkeit von der Marine erlebte die Stadt in der jungen Geschichte zweimal den Wechsel von wirtschaftlicher Blüte (1871 bis 1914, 1933 bis 1939) zu wirtschaftlichem Abschwung sowie Zerstörung 1918 und 1945. Im zweiten Weltkrieg wurde die Bausubstanz der Stadt erheblich zerstört. Mit der deutschen Wiederbewaffnung wurde Wilhelmshaven 1956 wieder Marinehafen und ist heute der einzige Stützpunkt der deutschen Marine an der Nordsee.[20]

Die Einwohnerzahl der Stadt Wilhelmshaven überschritt 1937 die Grenze von 100.000, womit Wilhelmshaven zur Großstadt wurde. Bis in die 70er Jahre hinein stieg diese Einwohnerzahl leicht an und stagnierte dann. Aufgrund einiger Firmenschließungen sowie der Verkleinerung des Bundeswehrstandortes ging die Einwohnerzahl bis zum Jahr 2007 auf ca. 83.000 zurück.

---

[19] Brockhaus Enzyklopädie, 1994
[20] Stadt Wilhelmshaven, 2005

9 Die Stadt

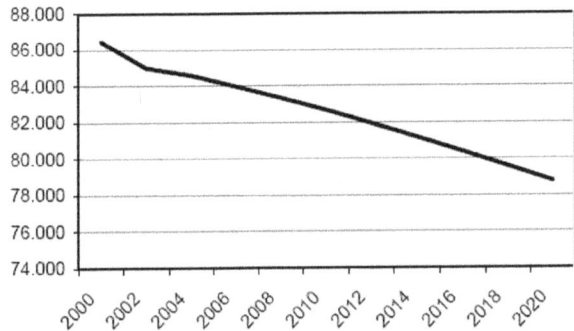

Abb. 9.1: Entwicklung und Prognose der Einwohnerzahl[21]

9.1 Aktueller Energieeinsatz

Wenn im Folgenden vom Energieeinsatz in Wilhelmshaven die Rede ist, so ist der Einsatz in den Verbrauchssektoren private Haushalte, Gewerbebetriebe sowie kleinere Industriebetriebe gemeint. Große industrielle Verbraucher (z.B. der chemischen oder Mineralöl verarbeitenden Industrie) werden nicht mit in die Betrachtung einbezogen. Da der Energieverbrauch dieser Großabnehmer von vielen spezifischen Parametern abhängig ist, müssen sie (wie der Jade-Weser-Port) jeweils gesondert betrachtet werden.

Strombedarf

Die folgende Abbildung zeigt den Strombedarf von 376 GWh, aufgeteilt nach Verbrauchssektoren. Der Sektor Sonstige umfasst z.B. die Straßenbeleuchtung sowie alle anderen, nicht direkt zurechenbaren Verbraucher. Wichtig für die Auslegung der

---

[21] Niedersächsisches Landesamt für Statistik, 2006

Energiesysteme ist neben den dargestellten Energiemengen der maximal auftretende Leistungsbedarf von 75 MW.

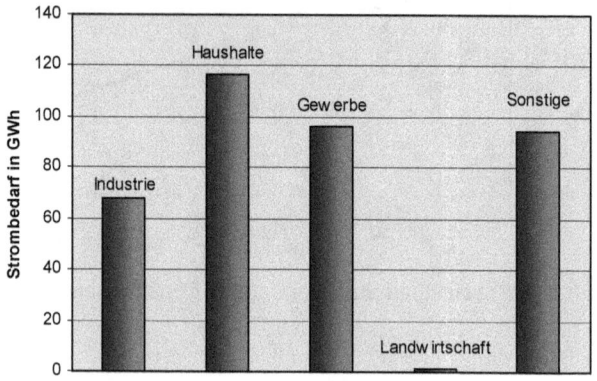

Abb. 9.2: Strombedarf nach Sektoren

Wärmebedarf

Neben dem klar dominierenden Erdgas wird der Wärmebedarf der Stadt zu ca. 6% durch Heizöl gedeckt. Die Schornsteinfegerinnung Oldenburg, die fortlaufende Statistiken über die Struktur der Wärmeversorgung in ihren Bezirken führt, schätzt den Anteil weiterer Wärmequellen auf maximal 1%. Bei der Aufstellung des Wärmebedarfs werden daher lediglich Erdgas und Öl bilanziert. Der Erdgasbedarf Wilhelmshavens wird, wie nicht anders zu erwarten, vom Verbrauch der privaten Haushalte dominiert. Wie im nächsten Kapitel gezeigt wird, liegt hier auch das größte Einsparpotenzial. Insgesamt beträgt der berücksichtigte Wärmebedarf ca. 1100 GWh bei einer Höchstleistung von 350 MW.

9 Die Stadt

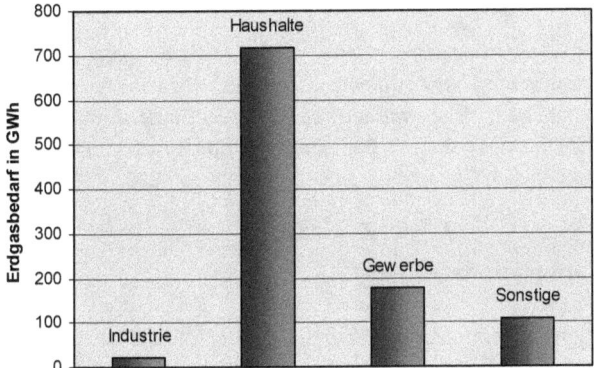

Abb. 9.3: Erdgasbedarf nach Sektoren

9.2 Emissionen der Ist-Situation

Die vorgestellten Daten zum Energieeinsatz sind, zumindest für Nicht-Fachleute, eher abstrakt. Anschaulicher sind demgegenüber sicher die resultierenden Emissionen. Wichtig bei der Berechnung der Emissionen:

> Die gesamte Kette der Energieversorgung, von Exploration und Aufbereitung der Energieträger über sämtliche Umwandlungsstufen bis hin zu Transport und Verteilung, muss einbezogen werden.

> Um vergleichbare Ergebnisse zu erhalten, muss die Konsistenz der Datenquellen für die Ermittlung der spezifischen Emissionen sichergestellt werden.

Da die spezifischen Emissionen bereits in Teil I erläutert wurden, sollen hier lediglich die pro Jahr in einer 100.000 (bzw. aktuell 83.000)-Einwohner-Stadt entstehenden CO_2-Emissionen genannt werden.

Strombereitstellung

Die Lebenszyklusemissionen der Stromversorgung sind einer Untersuchung des Vereins Deutscher Ingenieure e.V. (VDI) entnommen. Hier werden spezifische Emissionen von 600 g/kWh$_{el}$ angegeben.[22] Bei einem **Strombedarf** von 376 GWh ergeben sich Gesamtemissionen pro Jahr von **226.000 t CO$_2$**.

Wärmebereitstellung

Bei der Wärmebereitstellung entstehen Emissionen zum einen durch die Bereitstellung des Erdgases bzw. des Heizöls frei Haus, zum anderen durch die Verbrennung der Energieträger sowie die Herstellung und Entsorgung der Endgeräte. Insgesamt werden so ca. **286.000 t CO$_2$** pro Jahr emittiert.

---

[22] VDI, 2004

10 Energieeinsparung durch Gebäudesanierung

Wie effizient man auch mit Energie umgeht, jeglicher Energieeinsatz ist zwangsläufig mit Emissionen verbunden. Unbestritten besteht daher die wichtigste Säule einer nachhaltigen Energieversorgung in der Reduzierung von Energieverbrauch. Welche Energiemenge z.b. durch die Sanierung von Wohngebäuden eingespart werden kann, wird im Folgenden mithilfe der Alters- und Gebäudestruktur in Wilhelmshaven sowie allgemeingültiger Ansätze abgeschätzt. Ob sich einzelne Maßnahmen auch wirtschaftlich auszahlen ist selbstverständlich in jedem Einzelfall abzuschätzen. Volkswirtschaftlich ist die Gebäudesanierung aber mit Sicherheit eine der günstigsten technischen Varianten zur Emissionsminderung.

Entwicklung der Wohnungssituation

Der wichtigste Parameter für den Energiebedarf einer Stadt ist, neben der Zahl der Einwohner und der Art und Anzahl industrieller Betriebe, vor allem die Wohngebäudestruktur. In Wilhelmshaven beträgt die gesamte Wohnfläche 3.620.500 m², wobei sich eine durchschnittliche Wohnungsgröße von ungefähr 80 m² ergibt.[23] Die zugehörige Altersstruktur der Gebäude ist in *Abb. 10.1.* dargestellt. Wie zu sehen, sind in WHV über 80% der Wohngebäude vor 1979 errichtet worden.

---

[23] Niedersächsisches Landesamt für Statistik, 2006

Wohngebäude (G=Gebäude, W=Wohnung)						
Insgesamt		Gebäude mit einer Wohnung	Gebäude mit zwei Wohnungen	Gebäude mit drei oder mehr Wohnungen	
G	W			G	W
16.524	45.976	9.280	1.745	5.499	33.206

Tab. 10.1: Wohngebäudestruktur in 2004[24]

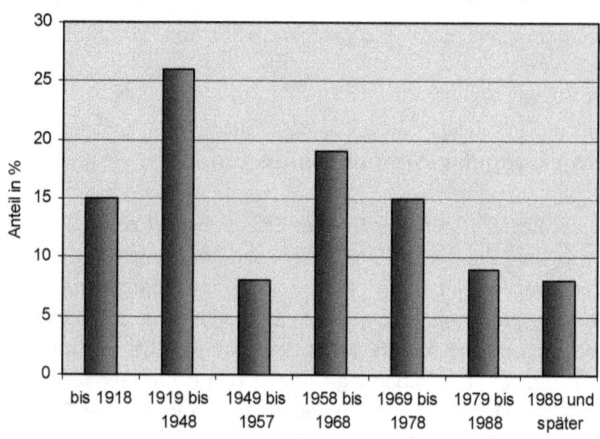

Abb. 10.1: Altersstruktur der Gebäude in Wilhelmshaven[25]

Einsparpotenziale verschiedener Gebäudetypen

Die Stadt Essen hat Einsparpotenziale für die Sanierung von Altbauten veröffentlicht. Die Untersuchung basiert auf dem

---

[24] Niedersächsisches Landesamt für Statistik, 2006
[25] Ebd.

spezifischen Heizenergieverbrauch (kWh/m²a) der nicht sanierten Gebäude. Als bauliche Maßnahme wird die Sanierung folgender Gebäudeteile betrachtet:[26]

- Außenwand
- Kellerdecke
- Dachschräge
- Fenster

Aus der Differenz des ursprünglichen und dem, nach Durchführung der baulichen Maßnahmen, resultierenden spezifischen Heizenergieverbrauch, errechnet sich das prozentuale Einsparpotenzial. *Tab. 10.2* zeigt, dass sich das Einsparpotenzial im Mittel einem Wert von 60% annähert. In einer Studie des BINE Informationsdienstes, die zusätzlich die Erneuerung der Heizungsanlagen berücksichtig, wird eine potenzielle Einsparung von über 70% angegeben.

---

[26] Stadt Essen, Amt für Umweltschutz, 2001

Klimaschutz konkret

Einsparpotenzial bei Wohngebäuden bis 1918			
Gebäudetyp	urspr. spez. Heizenergieverbrauch in kWh/(m²a)	modifizierter spez. Heizenergieverbrauch in kWh/(m²a)	Einsparpotenzial	Durchschnitt
Einfamilienhaus	410	120	71%	
Reihenhaus	210	89	58%	63%
Mehrfamilienhaus	264	100	62%	

Einsparpotenzial bei Wohngebäuden von 1919 bis 1948			
Gebäudetyp	urspr. spez. Heizenergieverbrauch in kWh/(m²a)	modifizierter spez. Heizenergieverbrauch in kWh/(m²a)	Einsparpotenzial in %	Durchschnitt
Einfamilienhaus	421	95	77%	
Reihenhaus	192	60	69%	72%
Mehrfamilienhaus	290	86	70%	

Einsparpotenzial bei Wohngebäuden von 1949 bis 1959			
Gebäudetyp	urspr. spez. Heizenergieverbrauch in kWh/(m²a)	modifizierter spez. Heizenergieverbrauch in kWh/(m²a)	Einsparpotenzial in %	Durchschnitt
Einfamilienhaus	339	89	74%	
Reihenhaus	189	59	69%	69%
Mehrfamilienhaus	214	75	65%	

Einsparpotenzial bei Wohngebäuden von 1960 bis 1969			
Gebäudetyp	urspr. spez. Heizenergieverbrauch in kWh/(m²a)	modifizierter spez. Heizenergieverbrauch in kWh/(m²a)	Einsparpotenzial in %	Durchschnitt
Einfamilienhaus	247	82	67%	
Reihenhaus	152	54	64%	64%
Mehrfamilienhaus	191	73	62%	

Einsparpotenzial bei Wohngebäuden von 1970 bis 1977			
Gebäudetyp	urspr. Heizenergieverbrauch in kWh/(m²a)	modifizierter Heizenergieverbrauch in kWh/(m²a)	Einsparpotenzial in %	Durchschnitt
Einfamilienhaus	196	77	61%	
Reihenhaus	132	51	61%	59%
Mehrfamilienhaus	146	64	56%	

Tab. 10.2: Einsparpotenziale der Wohngebäude[27]

Einsparpotenzial in Wilhelmshaven

Wie groß ist nun aufgrund der gezeigten Ansätze das Einsparpotenzial in Wilhelmshaven? Eine Statistik über bereits sanierte Gebäude in Wilhelmshaven, also Gebäude ohne

---

[27] Stadt Essen, Amt für Umweltschutz 2001

nennenswertes Einsparpotenzial, existiert nicht. Aus entsprechenden Kennzahlen für die Bundesrepublik Deutschland ist aber abzuleiten, dass der Anteil sanierter Gebäude kaum über 15% liegen wird.

Nimmt man (um „auf der sicheren Seite" zu sein) einen Anteil von 20% bereits sanierter Gebäude an, so wird deutlich, dass die bisher benötigte Wärmeenergie im Bereich privater Haushalte durch bauliche Maßnahmen **um fast 50% reduziert werden kann**. Gebäudesanierung ist also im Grunde eine nicht zu vernachlässigende „heimische Energiequelle". *Tab. 10.3* gibt einen Überblick über den Energiebedarf der Stadt Wilhelmshaven nach der (angenommenen) Durchführung baulicher Sanierungsarbeiten.

Strombedarf pro Jahr			
Alle Bereiche	376 GWh	100 %	75 MW

Wärmebedarf pro Jahr			
Bereich Haushalte	397 GWh	54,9 %	243 MW
Bereich Sonstige	326 GWh	45,1 %	59 MW
Σ	723 GWh	100 %	303 MW

Tab. 10.3: Energiebilanz nach der Gebäudesanierung

Die in der Tabelle aufgeführten Energiebedarfe sind die Grundlage für alle weiteren Betrachtungen!

Klimaschutz konkret

11 Wind und Wasserstoff

Klimaschutz durch Gebäudesanierung ist sofort umsetzbar und in vielen Fällen ökonomisch sinnvoll. Im Folgenden soll aber nun eine eher visionäre Möglichkeit zur weitgehenden Reduzierung der Klimagasemissionen aufgezeigt werden: Die vollständige Umstellung auf regenerative Energiequellen.

Selbstverständlich ist eine Vielzahl theoretischer Szenarien zur Umsetzung einer rein regenerativen Versorgung denkbar. „Wind und Wasserstoff" ist die Vision einer rein regenerativen Versorgung der Stadt Wilhelmshaven unter Einsatz von Wasserstoff als Sekundärenergieträger. Primärenergiequelle ist in der Hauptsache ein Offshore-Windpark, unterstützt von Biomasse und (zu einem kleinen Teil) Solarthermie. Die elektrische Energie aus dem Windpark wird soweit möglich direkt eingesetzt.

Zur Deckung des Wärmebedarfs kommen in privaten Haushalten Wärmepumpen und Wasserstoffbrenner als Endgeräte zum Einsatz. Die Wärmeversorgung des Bereiches „Industrie und Sonstige" wird durch ein Fernwärmenetz (gespeist aus Brennstoffzellen) sichergestellt.

Da in diesem „Radikal-Szenario" kein Kraftwerkspark zur Verfügung steht und weder Erdgas noch Erdöl zum Einsatz kommen sollen, müssen erhebliche Anteile der im Windpark erzeugten elektrischen Energie gespeichert werden, um eine unterbrechungsfreie Energieversorgung zu gewährleisten. Da dies in direkter Form nicht in ausreichenden Mengen möglich ist, führt an der Erzeugung von Wasserstoff als Speichermedium aus heutiger Sicht kein Weg vorbei. Der benötigte Wasserstoff wird mithilfe der Elektrolyse erzeugt und in Salzkavernen gespeichert. Die Elektrolyseanlagen werden mit (elektrischer) Energie von den Windkraftanlagen versorgt, der Wasserbedarf wird mithilfe der Meerwasserentsalzung durch Umkehrosmose sichergestellt. *Abb. 11.1* zeigt das Versorgungskonzept in vereinfachter Form.

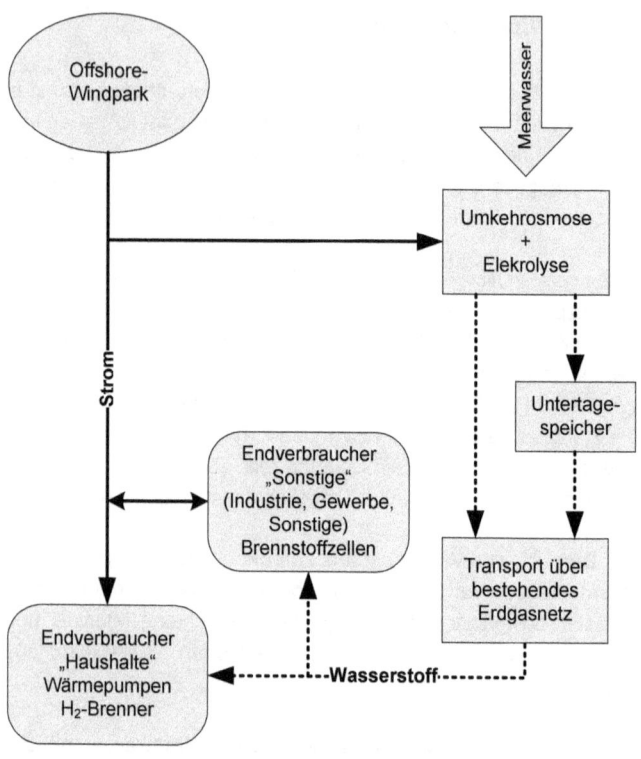

Abb. 11.1: Schematischer Aufbau „Wind und Wasserstoff"

11.1 Einzelkomponenten

Zentrale „Energiequelle" ist für eine Stadt an der Küste zwangsläufig ein Offshore-Windpark, da nur Windenergie die benötigten Energiemengen zur Verfügung stellen kann. Im gedachten Offshore-Windpark werden Anlagen der Leistungsklasse 5 MW (Nabenhöhe ca. 125 m) eingesetzt, deren Leistungskennlinien in Verbindung mit der Windverteilung die durchschnittliche Leistung einer Anlage bestimmen. Die CO_2-Emissionen über den gesamten Lebenszyklus der Anlagen stammen aus einer Untersuchung eines Offshore-Windparks des VDI[28] und werden mit 18,6 g pro erzeugter kWh elektrischer Energie angenommen.

Brennstoffzellen

Die eingesetzten Brennstoffzellen werden mit dem durch die Elektrolyse erzeugten Wasserstoff betrieben. Die Steuerung der Anlagen erfolgt wärmegeführt, d.h. die benötigte thermische Leistung ist Grundlage für den Betriebszustand der Brennstoffzellen.

Für den Fall einer absoluten Windstille müssen die Brennstoffzellen die elektrische Versorgung der Stadt Wilhelmshaven sowie die thermische Versorgung des Bereiches „Sonstige" übernehmen. Für diesen Auslegungsfall wird eine Extremsituation angesetzt, d.h. die Leistungsauslegung der Brennstoffzellen erfolgt für die Situation, dass an den Tagen, an denen die maximale Leistung benötigt wird, „kein Wind weht".

Die spezifischen Investitionskosten für Brennstoffzellen abzuschätzen ist zurzeit eher eine Glaubensfrage. Die installierten Anlagen werden in den meisten Fällen noch nicht in Serienfertigung hergestellt und weisen zudem noch zu geringe Standzeiten auf. Von einer zukünftigen Kostendegression bei höherer Fertigungszahl, Einsatz preiswerterer Materialien und verbesserten Fertigungsverfahren auszugehen, ist aber sicher nicht zu optimistisch. Aus diesem Grund werden spezifische Investitionskosten von 2.500 €/kW_{el} angesetzt. Die Höhe der Emissionen stammt wiederum aus einer Untersuchung des VDI. Als Emissions-Referenzanlage wird eine 250 kW_{el} SOFC-Brennstoffzelle eingesetzt und mit spezifischen Emissionen von 42,45 kg/kW_{el} kalkuliert.

---

[28] VDI, 2004

Wärmepumpen

Wärmepumpen werden schon seit Langem als Alternative zur etablierten (Gas-)Wärmeversorgung angeboten. Nach den Ölpreiskrisen in den 70er Jahren stieg die Zahl der in Deutschland installierten Wärmepumpen stark an, um dann durch sinkende Energiepreise und technische Probleme zwischen 1985 und 1993 fast vom Markt zu verschwinden. Seit ca. 1993 steigt die Zahl der installierten Wärmepumpen nun wieder an, wobei das größte Einsatzgebiet im privaten Wohnungsbau liegt. Alles in allem machen Wärmepumpen in Deutschland aber nur etwa 2% aller Hausheizungen aus. Immerhin beträgt das Marktwachstum ca. 30% pro Jahr.

Das Funktionsprinzip einer Wärmepumpe ist dem eines Kühlschranks vergleichbar. „Vorhandene" Wärme, z.B. der Umgebungsluft oder besser Erdwärme wird durch Energieeinsatz auf ein höheres Temperaturniveau angehoben und zu Heizzwecken genutzt. Wärmepumpen können nach verschiedenen technischen Prinzipien angetrieben werden. Im privaten Wohnungsbau dominieren strombetriebene Kompressionswärmepumpen, deren prinzipielles Prinzip in *Abb. 11.2* gezeigt wird.

11 Wind und Wasserstoff

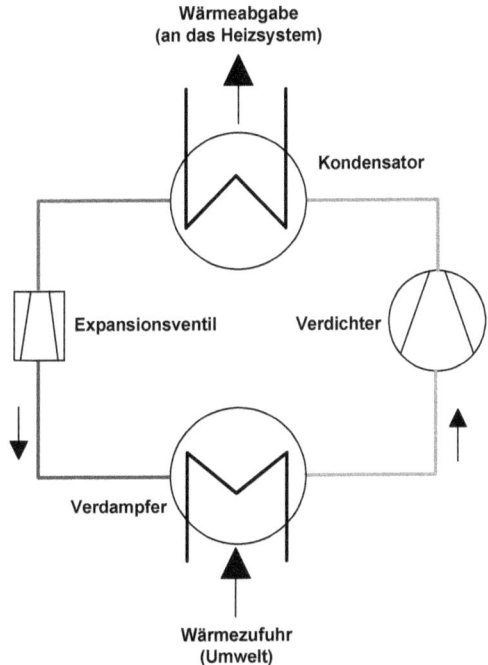

Abb. 11.2: Prinzip der Kompressionswärmepumpe

Umgebungswärme wird auf niedrigem Temperaturniveau im Verdampfer aufgenommen, der von einem Kältemittel durchströmt wird. Das Kältemittel verdampft bereits bei diesen Temperaturen und wird anschließend im Kompressor auf ein höheres Druck- und Temperaturniveau gehoben. Der Kompressor benötigt Antriebsenergie in Form von (in der Regel) elektrischer Energie. In einem zweiten Wärmetauscher, dem Kondensator, gibt der „Kältemitteldampf" Wärme an das Heizsystem oder das Brauchwasser ab. Die Abkühlung führt zur Verflüssigung des Kältemitteldampfes. Durch ein Expansionsventil wird das noch unter Druck stehende Kältemittel entspannt, wobei es noch weiter, bis unter die Temperatur der Umgebungswärmequelle, abkühlt. Der Kreislauf beginnt nun von neuem.

Sinnvoll ist der gesamte Prozess selbstverständlich nur, wenn die an das Heizsystem abgegebene Wärmeenergie wesentlich größer ist, als die zugeführte Menge an elektrischer Energie. Folgerichtig wird die Effizienz einer Wärmepumpe unter anderem durch die Leistungszahl beschrieben. Diese gibt das Verhältnis von abgegebener Wärmeleistung zu aufgenommener, elektrischer Antriebsleistung an einem definierten Betriebspunkt an. Bilanziert man Wärmeleistung und Antriebsleistung über ein Jahr, so erhält man die Jahresarbeitszahlen. In der Regel werden Jahresarbeitszahlen von 3 bis 5 erreicht, d. h. 1/3 bis 1/5 der gewonnenen Wärme muss als Antriebsenergie bereitgestellt werden.

In einer Stadt wie Wilhelmshaven kann nicht davon ausgegangen werden, dass überall ausreichend Platz für einen Erdwärmekollektor (zur Nutzung von Geothermie) vorhanden ist. Aus diesem Grund muss auf den Einsatz von Wärmepumpen, die Umgebungsluft als Arbeitsmedium verwenden, zurückgegriffen werden. Diese zeichnen sich zwar durch eine einfache Installation auch in Mietwohnungen aus, sind jedoch durch die hohen Temperaturschwankungen der Umgebungsluft nicht im monovalenten Betrieb, d.h. als alleiniger Wärmeversorger, geeignet. Luftwärmepumpen werden in der Regel im bivalenten Betrieb, d.h. mit einer Zusatzheizung (für Außentemperaturen unterhalb von 0 bis 3 °C) betrieben.

Da in „Wind und Wasserstoff" kein Erdgas verfügbar ist, besteht die Zusatzheizung aus Wasserstoffbrennern. Wasserstoffbrenner sind grundsätzlich mit herkömmlichen Gasbrennern zu vergleichen. Zurzeit ist kein serienreifes Produkt erhältlich, theoretisch sind Erdgasbrenner aber durch einfache bauliche Maßnahmen für den Betrieb mit Wasserstoff umzurüsten.

Private Haushalte werden also von Luft/Wasser Wärmepumpen und Wasserstoffbrennern mit Wärme versorgt. Es wird von einer bivalenten Auslegung mit einer Aufteilung im durchschnittlichen

Betrieb von 80% zu 20% ausgegangen, d.h. die Wärmepumpen liefern durchschnittlich 80% und die Wasserstoffbrenner 20% der benötigten Wärme.[29] Im Fall einer absoluten Windstille zur Zeit des maximalen Wärmebedarfs wird die Wärmeversorgung ausschließlich durch die Wasserstoffbrenner gewährleistet, da die elektrische Energie, welche die Brennstoffzellen liefern, nicht für den Betrieb der Wärmepumpen reicht. Die Wasserstoffbrenner werden in diesem Fall aus dem zentralen H_2-Speicher versorgt.

Elektrolyseanlage

In der Elektrolyseanlage wird Meerwasser mittels Stromeinsatz in Wasserstoff und Sauerstoff getrennt. Dass das eingesetzte Meerwasser zu diesem Zweck in einem ersten Schritt durch Umkehrosmose entsalzt werden muss, erhöht den ohnehin immensen Energieaufwand.

Die Leistung der Elektrolyseanlage ergibt sich aus der benötigten Jahresarbeit des Wasserstoffs für die Versorgung der Brennstoffzellen, des Wasserstoffspeichers und der Wasserstoffbrenner dividiert durch die Volllaststunden der Windkraftanlagen. Die Kapazität der Elektrolyse bestimmt wiederum Leistung und Wasserbedarf der Umkehrosmoseanlage. Pro m^3 Wasser werden ca. 6 kWh elektrischer Energie benötigt.

Auslegung des Wasserstoffspeichers

Das Volumen des Speichers ist keine rein mathematisch berechenbare Größe, sondern hängt mit der Sicherheitsphilosophie zusammen. Einfach ausgedrückt bestimmen der Grad der gewünschten Versorgungssicherheit, die Zahl der abschaltbaren Verbraucher sowie die Möglichkeit auf andere Energiequellen auszuweichen, die benötigte Speicherkapazität.

---

[29] Utesch, 2001

Im konkreten Fall wird für die Berechnung des aktiven Speichervolumens die benötigte Leistung an Wasserstoff bei totaler Windstille und maximaler Leistungsnachfrage gewählt. Es wird von einer zusammenhängenden, zu überbrückenden Zeit ohne Wind von maximal 10 Tagen ausgegangen.[30]

Für die jährliche Gesamtarbeit des Speichers werden die Tage ohne Wind, d.h. Tage im Jahr, die nicht ausreichen, um Energie aus Windkraftanlagen zu erzeugen, mit 18 Tagen angenommen. Bei einer Speicherdauer von 10 Tagen muss der Speicher zweimal im Jahr entleert und gefüllt werden. Diese Auslegung ist sehr pessimistisch gewählt, da bei der Energieversorgung der Stadt Wilhelmshaven durch den Speicher davon ausgegangen wird, dass die Höchstleistung abgefragt wird.

Der Wasserstoff wird mit einem Druck von 30 bar in die Salzkavernen eingespeichert. 50% des Speichers müssen immer befüllt sein um ein Schrumpfen des Speichervolumens zu verhindern. Die Kosten für den Speicher werden mithilfe eines Speicherrechners der Firma BEB durchgeführt (diese Kosten sind genau genommen Pachtkosten für ein Jahr Erdgasspeicherung).

Biogasanlage

Einer der positiven Aspekte der Biomassenutzung ist deren Grundlastcharakter. Durch die gute Speicherbarkeit ist Biomasse im Gegensatz zu anderen regenerativen Energiequellen, ohne Probleme als Grundlastversorgung einsetzbar und reduziert damit direkt den Speicherbedarf. Die Nutzung der vorhandenen Biomasse ist in Biogasanlagen vorgesehen.

Für die Berechnung des energetischen Potenzials werden Statistiken der Stadt Wilhelmshaven ausgewertet. So wird als mögliche Anbaufläche für Energiepflanzen (z.B. Mais) die gesamte Anbaufläche für Getreide sowie das brachliegende Land

---

[30] Rebhan, E 2002

angenommen. Es resultiert eine nutzbare Fläche von 531,23 ha (465,71 ha + 65,52 ha).

Darüber hinaus ist für die Berechnung des Biogaspotenzials der Viehbestand von Wilhelmshaven von Interesse. Addiert man die Gasausbeute aus Gülleerträgen (entsprechend den aus den Statistiken bekannten Großvieheinheiten) mit den Erträgen auf den Anbauflächen ergibt sich ein maximales Biogaspotenzial von 50.6 GWh.

In „Wind und Wasserstoff" werden zwei Großabnehmer (ein Krankenhaus und ein Marinestützpunkt) durch je eine Biogasanlage in Kombination mit einem BHKW versorgt. Die Energieversorgung durch Biogas macht lediglich einen geringen Anteil an der Gesamtversorgung aus. Die spezifischen Emissionen und Kosten sind aber, bezieht man die Speicherbarkeit mit ein, konkurrenzlos im Vergleich zu anderen „regenerativen Energien". Die vergleichsweise geringen spezifischen Kosten von 15 ct/kWh$_{el}$ und 8 ct/kWh$_{th}$ gehen mit geringen Emissionen von ca. 90 g CO_2/kWh einher.

Interessant ist darüber hinaus die Möglichkeit der Produktion von Wasserstoff aus Biomasse. Zum einen ist eine thermo-chemische Vergasung biogener Festbrennstoffe und die anschließende Reinigung und Konditionierung der erzeugten Rohgase in ein wasserstoffreiches Gas und zum anderen eine Produktion aus Biogas durch die Biogasaufbereitung und Dampfreformierung möglich. Beide Verfahren zur H_2-Herstellung sind konkurrenzlos günstig im Vergleich zu konkurrierenden Technologien, wie z.B. der Elektrolyse.

11.2 Emissionen und Kosten

Bei der Beantwortung der Frage, wie sich Emissionen und Kosten der „Wind und Wasserstoff – Versorgung" gestalten, werden die Verbraucher „private Haushalte" und „Sonstige" in Bezug auf die Wärmeversorgung getrennt betrachtet. Im Gegensatz zur konventionellen Energieversorgung werden also lediglich zwei Verbrauchergruppen unterschieden: „Haushalte" und „Nicht-Haushalte".

Abb. 11.3 zeigt, dass bei einer 100%igen Nutzung regenerativer Energiequellen, Energiepreise von 54 ct/kWh$_{el.}$ auf private Haushalte zukommen. Auch die Kosten für die Wärmeversorgung betragen mit 36 ct/kWh ein Vielfaches der heutigen Beträge. Die Kosten der Biogasanlage werden in dieser Darstellung nicht mit einbezogen, um den Ergebnissen eine höhere Allgemeingültigkeit zu verleihen (der Einfluss auf die Kosten ist aber marginal).

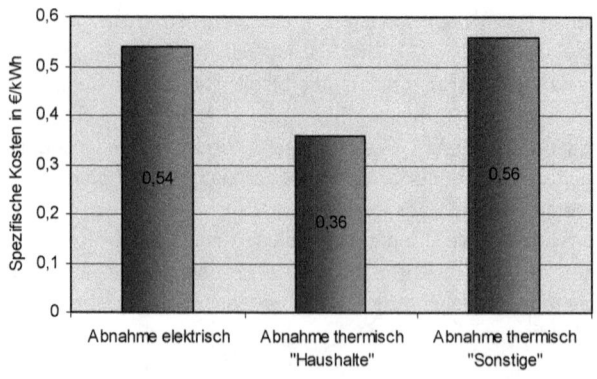

Abb. 11.3: Spezifische Kosten der Energieerzeugung

Anmerkung:

Die Kosten von 54 ct/kWh elektrischer bzw. 35-55 ct/kWh thermischer Energie sind nicht direkt mit aktuellen Energiepreisen vergleichbar. Einerseits handelt es sich nicht um reine Erzeugerpreise, da die Kosten für Endgeräte (Brennstoffzellen, Wärmepumpe etc.) mit einbezogen sind. Andererseits fehlen zum Vergleich mit Endverbrauerpreisen noch wichtige Kostenblöcke:

- ➢ So wird das bestehende Erdgasnetz als geeignet für den Transport von Wasserstoff angenommen. Mögliche Neuinvestitionen werden nicht berücksichtigt. Es wird davon ausgegangen, dass notwendige Modifizierungen im Rahmen der regelmäßigen Instandhaltungsmaßnahmen durchgeführt werden.

- ➢ Möglicherweise benötigte Verdichterstationen (Kosten, Emissionen und Energiebedarf) sowie die Pipeline für den Wasserstofftransport vom Untertagespeicher nach Wilhelmshaven werden nicht mit einbezogen.

- ➢ Evtl. benötigte nachgeschaltete Reinigungsverfahren für die Aufbereitung des Wasserstoffs werden nicht untersucht.

- ➢ Das Fernwärmenetz für die Wärmeversorgung des Bereiches „Sonstige" durch die Brennstoffzellen wird nicht in die Kalkulation mit aufgenommen.

- ➢ Ersatz-, Erweiterungs- und Neuinvestitionen in bestehende Transportnetze bleiben unberücksichtigt.

Vor allem aber:

Die genannten Preise enthalten weder Unternehmensgewinne noch Steuern und Abgaben!

Offensichtlich ist, dass bei einem signifikant höheren Anteil regenerativer Energiequellen die Verbraucherpreise so markant steigen werden, dass der derzeitige, hohe Anteil an Steuern und Abgaben nicht mehr gehalten werden kann.

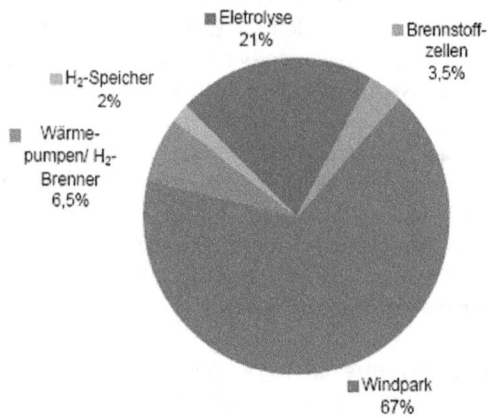

Abb 11.4: Verteilung der Bereitstellungskosten

Die Kostentreiber des Szenarios sind in *Abb. 11.4* dargestellt. Wichtig ist zu beachten, dass die Kosten der Elektrolyse im Prinzip den Speicherkosten zuzurechnen sind. Die Kosten für eine unterbrechungsfreie Energieversorgung machen demnach ca. 23% der Gesamtkosten aus.

Mit Blick auf die Emissionen zeigt *Abb. 11.5*, dass die CO_2-Emissionen allein durch eine Sanierung des Gebäudebestandes um 20% gesenkt werden können. Die Umstellung auf regenerative Primärenergien bewirkt eine weitere Reduktion auf 18% des aktuellen Wertes (zu den erwähnten Energiepreisen).

11 Wind und Wasserstoff

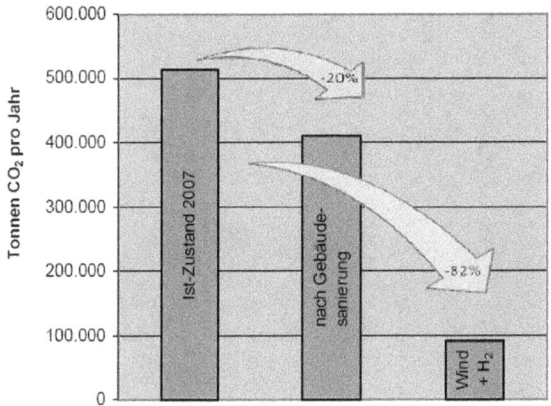

Abb. 11.5: Reduktion der CO_2-Emissionen

Klimaschutz konkret

12. Und nun?

Die ermittelten Energiekosten im „Wind und Wasserstoff-Szenario" basieren auf einer Vielzahl von Annahmen und sind daher mit Unsicherheiten behaftet. Die Höhe der Kosten ist aber durchaus ein Maß dafür, welch immense Entwicklungsarbeiten noch notwendig sind, um eine Versorgung auf der Grundlage regenerativer Energieträger zu realisieren. Wichtig ist in diesem Zusammenhang zu akzeptieren, dass es keinen Königsweg für die Lösung unserer Energieversorgung gibt, sondern Forschungs- und Entwicklungsarbeiten auf allen energierelevanten Feldern notwendig sind.

Zutreffend ist in jedem Fall, dass die Formel für die zukünftige Energieversorgung E^3 lautet:[31]

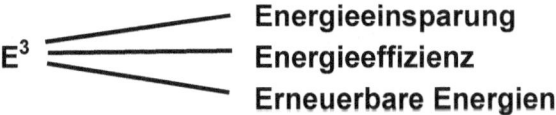

$$E^3 \begin{cases} \text{Energieeinsparung} \\ \text{Energieeffizienz} \\ \text{Erneuerbare Energien} \end{cases}$$

Energieeinsparung

Wie in Kap. 10 gezeigt, können bis zu 50% des Heizenergieverbrauchs allein durch bauliche Maßnahmen am Gebäudebestand eingespart werden. Erste Schritte zur Erschließung dieser „Energiequelle" sind z.B. mit einem durch die Bundesregierung initiierten Förderprogramm der KfW getan. Als positiv sind in diesem Zusammenhang auch die vielen regionalen lokalen Energieinitiativen anzusehen. Jetzt gilt es, die Finanzierung der notwendigen Maßnahmen zu erleichtern bzw. zu fördern. Denkbar sind Einspar-Contracting-Modelle, die von Energieversorgungsunternehmen angeboten werden, um so privaten Haushalten die Hürde der hohen Anfangsinvestitionen zu

---

[31] Brinker et al., 2006

nehmen. Für die Erneuerung von Heizgeräten existieren bereits solche Modelle (u.a. „Wärme plus" der EWE AG).

Energieeffizienz

In absehbarer Zeit existiert zu unserer konventionellen Energieversorgung keine „bezahlbare" Alternative. Es gilt also den Bedarf an Nutzenergie mit möglichst geringem Einsatz zu befriedigen. Dass die Energiebranche hier Vorreiter ist, versteht sich. So stiegen die Wirkungsgrade von (Neubau-) Kohlekraftwerken in den letzen 20 Jahren von 35% auf 45%. Da konventionelle Kraftwerke auch mittelfristig das Rückgrat unserer Energieversorgung bleiben werden, sind die Fortschritte in der Kraftwerkstechnik nach wie vor der wichtigste Beitrag in Richtung einer nachhaltigen Energieversorgung.

Weitere Effizienzsteigerungsmöglichkeiten im Bereich „Verkehr" werden zurzeit heftig diskutiert. Dass neben einer wünschenswerten effizienteren Kraftstoffnutzung vor allem das Nutzerverhalten, also unsere Fahrgewohnheiten, von Bedeutung sind, wird eher vorsichtig erwähnt.

Überraschend ist, dass auch in Industriebetrieben oft noch erhebliche Effizienzpotenziale „schlummern". Ein konsequentes Energiemanagement ist in energieintensiven Branchen seit langem selbstverständlich. In anderen Branchen wächst ein Energiebewusstsein aber erst mit weiter steigenden Energiepreisen (die so unbestreitbar auch einen positiven Aspekt aufweisen).

Erneuerbare Energien

Welche Entwicklungsarbeiten noch bis zu einem wirtschaftlichen Einsatz „erneuerbarer Energien" notwendig sind, ist offensichtlich. Die Wirtschaftlichkeit wird aber durch zwei Effekte vorangetrieben. Zum einen durch die Verbesserung der Produktionsprozesse und Werkstoffe sowie die abnehmenden Produktionskosten bei Massenproduktion. Zum anderen ändert sich die Bemessungsgrundlage für die Wirtschaftlichkeit, oder einfacher: Die Preise für fossile Energieträger werden weiter steigen! Die Preissteigerung ergibt sich schlicht aus dem weltweit steigenden Energiebedarf bei begrenztem Angebot. Die Versuche, durch eine weitere Liberalisierung der Energiemärkte einen wesentlichen Einfluss auf die Energiepreise zu nehmen entsprechen der volkswirtschaftlichen Theorie, werden aber in der Praxis kaum positive Effekte erzielen.

Dass die Speicherung einer ausreichend großen Energiemenge eine der großen Herausforderung darstellt, ist verständlich. Eine Ausnahme bildet in diesem Zusammenhang der grundlastfähige Energieträger Biomasse. Wie am Beispiel Wilhelmshavens dargestellt, muss der potenzielle Anteil von Biomasse an der Gesamtenergieversorgung aber realistisch (und kritisch) hinterfragt werden.

Die Erzeugung von (speichertähigem) Wasserstoff als Sekundärenergieträger ist kostenintensiv und „energetisch bedauerlich", scheint aber auch auf lange Sicht konkurrenzlos und daher notwendig. Auch wenn der Einsatz erst mittelfristig (>20 Jahre) notwendig sein wird, müssen heute schon alle Anstrengungen unternommen werden, den einstmaligen (und inzwischen verlorenen) Vorsprung Deutschlands in der Wasserstoff-Technologie zurück zu gewinnen. Das ist ein Gebot von Ökologie und Ökonomie.

Gefragt sind aber auch intelligente Lösungen, um große Energiemengen zu speichern oder besser (und ergänzend dazu), die zu speichernde Energiemenge zu minimieren. Intelligenz kann in einer geeigneten IT-Unterstützung bei der Steuerung von Haushaltsgeräten liegen, aber auch in der Anwendung herkömmlicher Techniken. Denkbar ist z.B. durchaus eine „Wiederbelebung" der Nachtspeicher-Heizgeräte. In **Nachtspeicherheizgeräten** wird während der Nachtstunden der keramische Speicherkern des Gerätes aufgeheizt. Die Aufladeautomatik sorgt dafür, dass der Speicherkern nur so viel Wärme aufnimmt, wie aufgrund der Witterung am nächsten Tag voraussichtlich benötigt wird. Die Wärmeabgabe erfolgt über die Oberfläche des Gerätes sowie ein Gebläse. Die Speicherfunktion der Heizgeräte bewirkt also, dass das fluktuierende Energieangebot der Windkraftanlagen bedarfsgerechter genutzt werden kann.

Ausblick

- ➤ Im Rahmen des „Nationalen Innovationsprogramms Wasserstoff- und Brennstoffzellentechnologie" der Bundesregierung (NIP) sind bis 2015 zusätzliche Fördermittel in Höhe von 500 Mio. € vorgesehen.

- ➤ Mit der erfolgreichen Einführung des Emissionshandels wurde ein effektives Instrument installiert, mit dem Emissionen direkt begrenzt werden. Wichtig ist im nächsten Schritt die Ausweitung auf weitere Branchen/Verbrauchssegmente sowie die Möglichkeit, Emissionsminderungsprojekte unkomplizierter anzurechnen.

- ➤ Die volkswirtschaftliche Energieeffizienz, also der Aufwand an Energie, der pro € BIP notwendig ist, sinkt seit vielen Jahren kontinuierlich (auch wenn Sondereffekte die Statistik zu positiv erscheinen lassen).

- ➤ Gemäß der Parole „Global denken – lokal handeln" wurden eine Vielzahl regionaler Energieinitiativen gestartet bzw. erfolgreich durchgeführt.

Die aufgelisteten Fakten zeigen, dass wir auf dem richtigen (wenn auch langen) Weg sind. Bleibt zu hoffen, dass Scheinlösungen,

12 Und nun?

wie die Nutzung von Kernenergie (die unsere Probleme mildern aber nicht lösen kann), nicht zu sehr von diesem ablenken.

P.S.:

- Im Energiewirtschaftsgesetz ist der Energiewirtschaft ein klares Ziel vorgegeben, nämlich die möglichst **sichere, preisgünstige, verbraucherfreundliche** und **umweltverträgliche** leitungsgebundene Versorgung der Allgemeinheit mit Strom und Gas. Nun können nicht in jeder einzelnen Investitionsentscheidung sämtliche Aspekte gleichermaßen berücksichtigt werden. Eine Diskussion, die sich nur auf einen Aspekt bezieht (z.B. Klimaschutz) und diesen isoliert betrachtet, kann aber zu keinen sinnvollen Ergebnissen führen.

- Es ist ebenso unsinnig einen einzelnen Energieträger (z.B. Kohle) herauszugreifen und diesen isoliert zu betrachten. Entscheidend ist die Beurteilung des gesamten Energieversorgungssystems. Hier senkt der anteilige Einsatz von Kohlekraftwerken die Stromerzeugungskosten (wirkt also ökonomisch nachhaltig).

- Mit Begriffen wie „CO_2-freies Kraftwerk" wird eine sachliche Diskussion eher erschwert als erleichtert. CO_2 wird hier nicht vermieden sondern lediglich abgeschieden und deponiert. Diese Technologie ist aber sehr energieintensiv, steigert also den Einsatz von Primärenergieträgern. Im Übrigen wäre es ähnlich sinnvoll, von einer müllfreien Gesellschaft zu sprechen, da wir unseren Hausmüll ja entsorgen und deponieren.

- Der ca. 40%ige Anteil der Stromrechnung, der heute an Staat und Kommunen geht, nutzt deren Haushalten und führt auf Verbraucherseite zu einem vernünftigeren Umgang mit Energie. Der zweite Aspekt wird zukünftig allein durch die immensen Energiebereitstellungskosten erfüllt. Die Frage, wer dann die Funktion der allzeit zu melkenden Kuh für öffentliche Haushalte übernimmt, ist bisher hingegen ungeklärt.

- Welche Herausforderungen weltweit auf uns zukommen, sei anhand der folgenden Abbildung verdeutlicht. „Reich und dreckig"

12 Und nun?

zeigt dabei den Pro-Kopf-Ausstoß der USA, „reich und sauber" einen anzustrebenden (aber noch nicht erreichten) Wert für die Bundesrepublik. Es bleibt jedem selbst überlassen zu überschlagen, wie die Emissionsmengen in den nächsten Jahren weltweit steigen werden, sollten bevölkerungsreiche Länder wie z.B. China und Indien die dargestellte Kurve entlang schreiten. Das ist keine Ausrede, um mit unseren heimischen Maßnahmen nachzulassen. Offensichtlich ist aber, wie entscheidend es ist, durch Technologieexport gerade Schwellenländern ein emissionsarmes Wirtschaftswachstum zu ermöglichen.

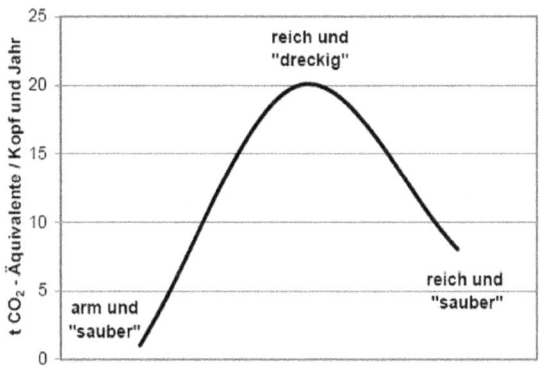

Abb. 12.1: CO_2-Entwicklungskurve von Volkswirtschaften

Quellenverzeichnis

Biermann, Bady: *Hybridantriebe – Strukturvarianten, Betriebsstrategien sowie deren Vor- und Nachteile*, Institut für Kraftfahrtwesen Aachen (ika), RWTH Aachen, 1998

Brinker: *10 Bullensee-Thesen und abgeleitete Handlungsempfehlungen zur zukünftigen Energieversorgung*, http://www.ewe.de/download/pdf/ BULLENSEE-THESEN.pdf vom 24.05.2007

Deutscher Wasserstoff- und Brennstoffzellenverband e. V.: *Wasserstoff – Der neue Energieträger*, Berlin 2004

Deutsche Windguard GmbH: *Kurzgutachten zur Kostensituation der Windenergie*, 2003

Freudling: *Energieversorgung eines Containerterminals am Beispiel des Jade-Weser-Ports*, Diplomarbeit, Wilhelmshaven 2001

Fünfgeld: *Energiekosten im Betrieb*, BTU Forschungshefte, München 2000

Garche: *Integration Erneuerbarer Energien in den Verkehr*, FVS Themen 2001

Geisen: *Energieversorgung der Zukunft – Strom, Wärme und Kraftstoffe aus Biomasse*, in: Müll und abfall, Bd. 32 (2005), Heft 11, S.548-551

Geitmann: Wasserstoff & Brennstoffzellen – Die Technik von morgen!, Hydrogeit Verlag, 2002

Hau: *Windkraftanlagen – Grundlagen, Technik, Einsatz, Wirtschaftlichkeit*, 3. Auflage, Springer Verlag, Berlin, Heidelberg, 2003

Herdin: *Wasserstoff als Antriebsenergie für konventionelle Ottomotoren*, Jenbacher AG, 2002

Kruse, Heidelck: *Heizen mit Wärmepumpen*, BINE Informationsdienst, 2. Erweiterte und völlig überarbeitete Auflage, Verlag TÜV Rheinland, Köln, 1997

L-B-Systemtechnik GmbH: *Wasserstofferzeugung in offshore Windparks „Killerkriterien", Grobe Auslegung und Kostenabschätzung*, Studie im Auftrag von GEO, 2001, http://www.hyweb.de/Wissen/pdf/GEO_Studie_ Wasserstoff_oeffentlich.pdf vom 24.05.2007

Linde AG: *450 bar Wasserstofftankstelle*, Broschüre, 2006

Niedersächsisches Landesamt für Statistik: http://www.nls.niedersachsen.de vom 25.05.2007

Niedersächsische Staatskanzlei: *In Wilhelmshaven entsteht die modernste Raffinerie Europas*, http://www.niedersachsen.de /master/C21273 257_L20 _D0_I484_h1.html vom 23.05.2007

Nitsch, Fischedick: *Eine vollständig regenerative Energieversorgung mit Wasserstoff – Illusion oder realistische Perspektive*, 2002, http://www.dlr.de/tt/Portaldata/41/Resources/ dokumente/institut/system/publications/Wasserstoff-Essen.pdf vom 24.05.2007

Recknagel, Sprenger: *Taschenbuch für Heizung + Klimatechnik*, Oldenbourg Industrieverlag, 2001

Rothert: *Positionen zur Chemie mit Chlor*, Verband der Chemischen Industrie, 2005

Thrän, Vogel, Weber: *Biogene Kraftstoffe in Deutschland, Techniken und Potenziale*, in: Müll und Abfall, Bd. 37 (2005), Heft 11, S. 552

Umweltbundesamt: *Integrierte Vermeidung und Verminderung der Umweltverschmutzung (IVU), Referenzdokument über die besten verfügbaren Techniken in der Chloralkaliindustrie*, 2001

Utesch, Telges, Stahlberg: *Gaswärmepumpen: Ideal zum Heizen, Warmwasserbereiten und Entfeuchten*, in: Wärmepumpe aktuell, 3. Jahrgang (2001), Ausgabe 3

VDI: *Lebenszyklusanalysen ausgewählter zukünftiger Stromerzeugungstechniken*, Düsseldorf 2004

Wolf: *Die neuen Entwicklungen der Technik*, Medienforum Deutscher Wasserstofftag, Seite 4, 2003

Weitere Informationen

http://www.dwv-Info.de

http://www.nkj-ptj.de

http://www.my-energy.eu

http://www.ag-energiebilanzen.de

http://www.verbraucherzentrale-energieberatung.de

http://www.waermewhv.de

http://www.dena.de

http://www.offshore-wind.de

http://www.IPCC.ch

Klimaschutz konkret